Herta Puttner · Eva Rohrer

Patient Haustier

Ein Nachschlagewerk
für Hunde- und Katzenfreunde

Ueberreuter

Bildnachweis

Gerhard Kunze, Mödling (11); Reinhard-Tierfoto, Heiligkreuzsteinach-Eiterbach (20); Bildarchiv Okapia, Frankfurt (2); IEMT (6).

Die Deutsche Bibliothek – CIP-Einheitsaufnahme

Puttner, Herta:
Patient Haustier : ein Nachschlagewerk für Hunde- und Katzenfreunde
Herta Puttner ; Eva Rohrer. – Wien : Ueberreuter, 1992
ISBN 3-8000-3470-0
NE: Rohrer, Eva: HST

AU 225/1

Umschlagfoto Bildagentur Mauritius

Printed in Slowenia

Inhalt

Vorwort

Wer sein Tier lieb hat, der beobachtet es. Und wer es beobachtet, der stellt fest, ob es sich «wie immer» verhält, oder ob es Grund gibt, besorgt zu sein.
Tiere kann man leider nicht fragen, ob ihnen etwas fehlt oder weh tut, warum sie nicht fressen wollen, apathisch wirken oder das Futter nicht behalten. Wie oft ist es auch gerade Mitternacht, Sonn- oder Feiertag, wenn sich eine wichtige Frage ergibt. Und wie oft ist das erste Tier, das man hält, ein sogenanntes «Opfertier», weil es einem an einschlägiger Erfahrung mangelt.
Allein herumdoktern darf man beileibe nicht. Man sollte so rasch wie möglich zum Tierarzt gehen, aber bis dahin muß man wissen, was man unternehmen kann oder unterlassen soll.
Für jedes Haushaltsgerät läßt man sich eine Gebrauchsanweisung geben. Für die richtige Beurteilung eines Lebewesens sollte man zumindest ein gutes Nachschlagewerk besitzen, das mit vielen Vorurteilen und Ammenmärchen aufräumt.
In diesem Sinne wünsche ich Eva Rohrer und Dr. Herta Puttner, daß sie mit ihrer Tierliebe und ihrem Buch aufklären und helfen können.

Edith Klinger

1

Gesundheitsvorsorge

Besser vorsorgen als heilen! Dieser Grundsatz gilt nicht nur für den Menschen, sondern auch für Hund und Katze. Durch gezielte Gesundheitsvorsorge können auch bei Tieren viele Erkrankungen vermieden oder zumindest im Anfangsstadium erkannt und rechtzeitig behandelt werden.
Wenn Sie einen Vierbeiner aufnehmen, sollte er möglichst bald dem Tierarzt vorgestellt werden. So erfahren Sie gleich, ob Ihr neuer Hausgenosse auch wirklich gesund ist, welche Impfungen wichtig sind, und er kennt Sie und das Tier schon, wenn Sie einmal dringend Hilfe brauchen.
Für erwachsene Vierbeiner empfiehlt sich eine jährliche Vorsorgeuntersuchung. Dazu gehören die klinische Untersuchung durch den Tierarzt, Röntgen (eventuell Ultraschall), EKG und Laboruntersuchung (Bluttest). Am besten, Sie kombinieren die Vorsorgeuntersuchung mit dem jährlichen Impftermin.

Impfung

Das wichtigste Papier im Hunde- und Katzenleben ist der Impfpaß. Er wird vom Tierarzt ausgestellt und enthält die Daten des Tieres, Name und Anschrift des Besitzers sowie eine Liste der bereits durchgeführten Impfungen. Der Impfpaß ermöglicht jederzeit einen schnellen Überblick über den gegenwärtigen Impfschutz und zeigt an, wann die nächste Immunisierung fällig ist.
Vor der Impfung untersucht der Tierarzt den vierbeinigen Patienten gründlich, da nur wirklich gesunde Tiere geimpft werden dürfen. Wenn

nötig, vorher entwurmen lassen! Schonen Sie Ihren Liebling nach der Immunisierung eine Woche lang, denn jede Impfung belastet den Organismus.

Erst zwei bis drei Wochen nach der Impfung ist das Tier gegen die jeweilige Krankheit geschützt. Während dieser Zeit sollten Hund oder Katze möglichst wenig Kontakt zu anderen, möglicherweise kranken Tieren haben.

Auch die widerstandsfähigste Katze ist gegen Viruserkrankungen machtlos. Schon das Katzenbaby ist durch Seuchen bedroht. Der Tierarzt untersucht das Jungtier auf seinen Gesundheitszustand, versorgt es mit Aufbaupräparaten und impft gegen die gefährlichsten Krankheiten.

Zuerst wird das junge Tier gegen *Katzenseuche* geimpft. Diese Erkrankung wird übrigens im Volksmund auch als «Katzenstaupe» bezeichnet, obwohl sie mit der Staupe, die bei Hunden auftritt, nicht das geringste zu tun hat.

Frühester Termin für die Katzenseuche-Impfung ist im Alter von neun Wochen. Innerhalb von drei Wochen wird zweimal geimpft. Die zweite Impfung darf auf keinen Fall vergessen werden, weil nur sie den vollen Schutz gewährleistet. Dann müssen Sie nur noch jährlich auffrischen lassen.

Katzenschnupfen ist eine gefährliche Viruserkrankung der oberen Luftwege und für die Katze sehr unangenehm. Auch gegen dieses Leiden ist Ihr Liebling durch eine jährliche Impfung geschützt. Übrigens gibt es die Katzenschnupfen-Impfung auch kombiniert mit der Katzenseuche-Impfung. So können Sie mit einer Injektion beide Krankheiten vermeiden.

Die erste *Tollwutimpfung* ist ab dem dritten Lebensmonat der Katze möglich. Das Tier ist allerdings nur dann wirklich gegen diese gefährliche Krankheit geschützt, wenn die Impfung jedes Jahr aufgefrischt wird. Bei Fahrten ins Ausland ist die Tollwutimpfung sogar behördlich vorgeschrieben und muß mindestens vier Wochen vor Antritt der Reise verabreicht werden. Einige Tage vor der Abreise erhalten Sie gegen Vorweis des Impfpasses vom Amtstierarzt ein Gesundheitszeugnis, das Sie an der Grenze vorzeigen müssen.

Die Tollwutimpfung ist nicht nur im Interesse der Katze, sondern auch des Tierbesitzers, da tollwutbefallene Katzen Menschen angreifen. Sie

springen dabei auch ins Gesicht und können besonders gefährliche Verletzungen verursachen.
Glücklicherweise ist es jetzt auch möglich, Katzen gegen die gefürchtete *Leukose* (auch «Katzen-Aids» genannt, hat aber mit dem Aids-Virus des Menschen nichts zu tun!) impfen zu lassen. Die Grundimmunisierung erfordert zwei Injektionen – im Abstand von drei bis vier Wochen.
Die Freude ist groß, wenn ein Hund in die Familie aufgenommen wird. Damit es so bleibt, ist es wichtig, daß Sie die Gesundheit des Tieres von Anfang an schützen. Da darf der Impfpaß nicht fehlen!

Die 3er-Impfung

Ist der junge Hund etwa zwölf Wochen alt, wird die sogenannte *3er-Impfung* fällig. Sie schützt den Hund gegen Staupe, infektiöse Leberentzündung und Leptospirose. Drei Wochen nach der ersten Immunisierung muß nachgeimpft werden, nur dann ist Ihr Hund wirklich geschützt. Die Impfung muß jährlich aufgefrischt werden. Das gilt für Hunde jeden Alters, auch wenn viele meinen, alte Hunde bräuchten keine Wiederholungsimpfungen. Doch die Praxis des Tierarztes belehrt uns eines Besseren: Auch bei alten Hunden treten immer wieder Seuchen, wie etwa die gefürchtete Staupe, auf.
Hundebabys unter zwölf Wochen können durch eine Seruminjektion (passiver Impfschutz) zwei bis drei Wochen lang vor den gefährlichsten Krankheiten bewahrt werden.
Die Tollwut ist in jüngster Zeit in Österreich zum großen Problem für Hundebesitzer geworden. Deshalb ist es ratsam, wenn Sie Ihren Hund regelmäßig, das heißt einmal jährlich, gegen Tollwut impfen lassen. Die *Tollwutimpfung* kann heute schon gemeinsam mit der «3er-Impfung» als kombinierte «4er-Impfung» verabreicht werden. Die 4er-Impfung hat einerseits den Vorteil, daß Sie mit einem Besuch beim Tierarzt alle Impfungen erledigt haben. Andererseits brauchen besonders sensible, ängstliche Hunde nur einmal gestochen werden.
Eine weitere wichtige Impfung schützt vor *Parvovirose*, im Volksmund auch «Katzenseuche der Hunde» genannt. Die Impfung erfolgt innerhalb des ersten Lebensjahres zweimal im Abstand von drei Wochen. Im darauffolgenden Jahr genügt eine Auffrischung.

Klinische Untersuchung

Wie in der Humanmedizin gilt auch in der Tiermedizin der Grundsatz: Bevor die «Apparatemedizin» (Laboruntersuchung, EKG usw.) zum Einsatz kommt, muß der vierbeinige Patient klinisch untersucht werden.
Dazu gehört die Beurteilung des Allgemeinzustandes des Tieres. Ein gesunder Vierbeiner ist lebhaft, aufmerksam und an seiner Umgebung interessiert. Ob der Hausgenosse zuviel oder zuwenig Futter bekommt, kontrolliert der Tierarzt ebenfalls. Wenn er Rippen und Dornfortsätze der Wirbelsäule gerade noch spüren kann, hat Ihr Liebling normales Gewicht.
Dann werden Fell und Haut inspiziert. Das Fell des gesunden Vierbeiners glänzt seidig, Haare lassen sich nicht leicht herausziehen. Die Haut schuppt nicht und zeigt keine Rötungen. Sie ist weiß, zartrosa oder pigmentiert. Auch die Elastizität der Haut gibt Auskunft über den Gesundheitszustand. Der Tierarzt hebt mit beiden Händen eine Hautfalte am Rücken kurz hoch. Sie sollte so schnell in die Ausgangslage zurückgleiten, daß das Auge kaum folgen kann. Verzögerung zeigt Veränderungen des Flüssigkeitshaushaltes im Gewebe an. Daraus kann der Tierarzt Rückschlüsse auf verschiedene Krankheiten ziehen.
Die Hauttemperatur prüft der Tierarzt zunächst mit der Hand. Fühlt sich der vierbeinige Patient warm an, mißt er mit dem Thermometer im After die genaue Temperatur.
Viele Tierbesitzer wissen über die Körpertemperatur ihres Lieblings nicht Bescheid und können sich nicht vorstellen, daß 38,5 bis 39 Grad durchaus normal sind. Denn beim Menschen bedeuten diese Werte ja schon hohes Fieber. Die Temperatur beim gesunden Hund beträgt etwa 38 bis 38,5 Grad, bei der Katze 38 bis 39 Grad.
Ganz allgemein gilt, daß Jungtiere und trächtige Vierbeiner etwas höhere Temperaturen haben als erwachsene Nichtträchtige. Auch durch Aufregung, wie etwa Angst vor dem Tierarzt, kann die Temperatur etwas ansteigen. Beachten Sie auch, daß niemals gleich nach der Nahrungsaufnahme oder nach körperlicher Anstrengung gemessen werden soll, weil dann die Temperatur etwas ansteigt.
Der umgekehrte Fall tritt ein, wenn das Tier unter starkem Durchfall leidet. Dann liegt die Temperatur im Mastdarm unter der Körpertempera-

tur. Dies wird durch das häufige Öffnen des Afters beim Durchfall verursacht. Dann muß der Tierarzt aufgrund der Hauttemperatur feststellen, ob das Tier fiebert oder nicht.
Die meisten Tierhalter wagen es auch nicht, dem Tier selbst das Fieber zu messen. Einerseits aus Angst vor Abwehrbewegungen ihres Hausgenossen, andererseits, weil sie nicht genau wissen, wie man das macht. Bei Hund und Katze mißt man die Körpertemperatur im Mastdarm. Vor dem Einführen wird das Fieberthermometer eingefettet, damit es besser gleitet. Dann mißt man vier Minuten lang. Wenn Sie dennoch unsicher sind, lassen Sie sich den Vorgang vom Tierarzt einmal zeigen.
Spätestens bei der nun folgenden Betrachtung der Mund- und Rachenschleimhaut wird der vierbeinige Patient unwillig reagieren. Denn welches Tier läßt sich schon gerne mit sanfter Gewalt das Maul öffnen? Aber mit ein bißchen Geduld funktioniert auch das. Der Tierarzt überprüft die Farbe der Schleimhaut, die beim gesunden Tier blaßrosa ist. Dann drückt er die Zunge nieder. Dadurch werden im Rachen die Tonsillartaschen sichtbar. Bei Hund und Katze liegen die Tonsillen – so heißen die Mandeln auf lateinisch – in Schleimhauttaschen eingebettet. Nur bei Erkrankungen treten sie hervor und stören das Tier beim Schlucken.
Auch Farbe und Beschaffenheit der Zunge sind für die Diagnose wichtig. Denn bestimmte Krankheiten verursachen Verfärbungen und Beläge auf der Zunge.
Wie bei der Gesundenuntersuchung des Menschen untersucht auch der Tierarzt beim Vierbeiner die wichtigsten Lymphknoten auf Größe, Beschaffenheit und Verschiebbarkeit. Das sind bei Hund und Katze Kehlgangslymphknoten, Achsel- und Kniekehlenlymphknoten.
Selbstverständlich gehört zur klinischen Untersuchung auch die Kontrolle des Pulses. Der Pulsschlag wird bei Hund und Katze an der inneren großen Oberschenkelarterie gemessen. Der normale Puls beträgt bei großen Hunderassen 80 bis 100 Schläge pro Minute, bei kleinen 100 bis 120. Bei Katzen schlägt der Puls etwa 108- bis 132mal pro Minute.
Auch die Atmung gibt oft Auskunft über die körperliche Verfassung des Hausgenossen. Ein gesunder Hund macht zehn bis 40 Atemzüge in der Minute, die Katze 20 bis 30. Bei beiden überwiegt die Brustatmung, wenn sie gesund sind. Schließlich werden noch Herz und Lunge abgeklopft und abgehört.

Laboruntersuchung

Zur Vorsorgeuntersuchung gehört natürlich auch die Kontrolle von Blut und Harn. Es steht Ihnen frei, ob Sie lieber selbst Harn in einem sauberen Gläschen auffangen möchten, oder ob Sie es dem Tierarzt überlassen, mittels Katheder Harn zu gewinnen. Für den Bluttest entnimmt der Tierarzt Blut aus der Unterarmvene. Es ist sehr wichtig, daß Ihr Hausgenosse zwölf Stunden vor der Blutabnahme nüchtern bleibt.

Das Laborprogramm der Vorsorgeuntersuchung bei Hund und Katze sollte zumindest einen Blutstatus enthalten. Dieser umfaßt Blutsenkungsgeschwindigkeit, Zählung verschiedener Blutzellen und die wichtigsten Werte für Leber, Niere und Bauchspeicheldrüse sowie Zucker.

DIE *LEBER* ist die «chemische Fabrik» des Körpers, das wichtigste Organ für den gesamten Stoffwechsel! Sind Leberzellen nach bestimmten Erkrankungen geschädigt, werden vermehrt sogenannte Transminasen (das sind Enzyme, Hilfsstoffe im Stoffwechsel) freigesetzt. Im Befund scheinen diese Werte unter den Kurzbezeichnungen SGOT und SGPT auf. Ein weiterer Hinweis auf Leberschäden ist der veränderte Wert des Enzyms Alkalische Phosphatase, im Befund kurz AP genannt.

Die Normalwerte für die genannten Enzyme sind:

Hund	SGOT:	5–20 U/l	Katze	SGOT:	5–20 U/l
	SGPT:	bis 40 U/l		SGPT:	bis 50 U/l
	AP:	20–150 U/l		AP:	5–60 U/l

Sehr wichtig ist auch die Bestimmung des Bilirubins, des Gallenfarbstoffes. Es ist für die Verfärbung der Haut bei Gelbsucht verantwortlich.

Die Normalwerte sind:

beim Hund:	bis 0,6 mg/dl
bei der Katze:	bis 0,4 mg/dl

DIE *NIEREN* sind das wichtigste Ausscheidungsorgan. Funktionieren sie nicht, bleiben Giftstoffe im Körper zurück und schädigen ihn. Zwei Parameter geben Auskunft über die Nieren: Harnstoff und Creatinin.

Die Normalwerte sind:

beim Hund:	Harnstoff bis 43 mg/dl
	Creatinin 1–2 mg/dl
bei der Katze:	Harnstoff bis 70 mg/dl
	Creatinin 0,8–1,8 mg/dl

DIE *BAUCHSPEICHELDRÜSE* ist eine große Verdauungsdrüse. Sie erzeugt wichtige Verdauungssäfte und reguliert den Blutzuckerspiegel. Zwei Enzyme sind bei der Untersuchung aussagekräftig: Lipase und Amylase.

Die Normalwerte sind

beim Hund:	Amylase:	700–1900 U/l
	Lipase:	bis 300 U/l
bei der Katze:	Amylase:	700–1600 U/l
	Lipase:	bis 190 U/l

Der normale Blutzuckerspiegel beträgt	beim Hund	56–96 mg/dl
	bei der Katze	60–100 mg/dl

Röntgen und Ultraschall

Die Röntgendiagnostik ist genauso unentbehrlich wie die Laboruntersuchung. In der Tiermedizin werden die gleichen Geräte und Methoden angewendet wie in der Humanmedizin. Im Rahmen der Vorsorgeuntersuchung sollte auf alle Fälle ein Röntgenbild von Brust- und Bauchhöhle gemacht werden. Größe des Herzens, Lage der Herzachse und Lungenzeichnung sind wichtige Kriterien zur Beurteilung des Gesundheitszustandes.

Läßt das Röntgenbild des Bauchraumes keine eindeutige Diagnose zu, gibt der Tierarzt dem vierbeinigen Patienten ein Kontrastmittel und wiederholt die Aufnahme. Es gibt heute schon gut verträgliche Mittel, die es ermöglichen, Störungen des Magen-Darm-Trakts, der Nieren, Leber und Gallenblase zu erkennen, ohne das Tier zu belasten.

Bei jüngeren Vierbeinern werden je nach Rasse auch Aufnahmen gemacht, um eventuelle erbliche Gelenkserkrankungen, Hüftgelenksdysplasie oder Ellbogengelenksdysplasie aufzuspüren. Rechtzeitig erkannt, können viele Erbschäden chirurgisch beseitigt oder zumindest gebessert werden, um dem Tier ein schmerzfreies, glückliches Leben zu ermöglichen.

Bei älteren Tieren wird das Röntgen auch eingesetzt, um Abnützungserscheinungen von Gelenken und Wirbelsäule zu erkennen. Auch hier ermöglichen Untersuchungen des Rückenmarks mit Kontrastmitteln eine genaue Diagnose und gezielte Operation zur Behandlung der gefürchteten «Dackellähmung».

In den vergangenen Jahren hat auch die Ultraschalluntersuchung (Sonographie) Eingang in die Tiermedizin gefunden. Manchmal kann sie das Röntgen ersetzen, manchmal bringt sie zusätzliche wertvolle Information. Zum Beispiel kann man mit der Ultraschallmethode Trächtigkeit feststellen. Denn der Nachweis ist mit Ultraschall schon ab dem 21. Tag nach der Befruchtung, mit der Röntgenaufnahme allerdings erst ab dem 45. Tag möglich. Bei älteren Tieren gibt die Sonographie wertvolle Hinweise auf den Zustand der Prostata. Eine weitere Indikation für die Ultraschalluntersuchung ist die Zuordnung verschiedener Tumoren und die Untersuchung des Herzens.
Im Unterschied zum Röntgen stellt für die Ultraschalluntersuchung eine dichte Behaarung einen wesentlichen Störfaktor dar. Die Rasur eines kleinen Hautareals ist also unerläßlich!

Zahnkontrolle

Auch Hund und Katze bleiben von Zahn- und Zahnfleischerkrankungen nicht verschont. Deshalb muß auch das Gebiß im Rahmen der Vorsorgeuntersuchung kontrolliert werden. Wie Menschenkinder haben auch junge Hunde und Katzen ein Milchgebiß. Der Zahnwechsel erfolgt beim Hund im Alter von sechs Monaten, die Katze bekommt ihre neuen Zähne mit etwa sieben bis neun Monaten. Das zweite Gebiß besteht beim Hund aus 42 Zähnen, die Katze hat 30.
Leider kommt es manchmal vor – besonders bei kleinen Hunderassen, wie etwa Yorkshire-Terrier –, daß nicht alle Milchzähne ausfallen. Das ergibt dann sogenannte «Doppelgarnituren», wenn die zweiten Zähne nachwachsen. In der Folge treten Gebißfehlstellungen auf, und Futterreste bleiben zwischen den Zähnen hängen, was sehr leicht zu Entzündungen führen kann. In diesem Fall muß der Tierarzt durch eine kleine Operation die festsitzenden Milchzähne entfernen. Ist die Gebißfehlstellung angeboren, bekommt das Hundekind eine Zahnspange verpaßt. Bei erwachsenen Vierbeinern achtet der Tierarzt besonders auf Zahnstein, Parodontose (Zahnfleischschwund), Karies und abgebrochene Zähne.
Ganz wichtig ist es, Tiere von klein auf an das Zähneputzen zu gewöhnen. Man verwendet dafür beim Hund am besten eine Kinderzahnbürste

und die im Handel erhältlichen Hundezahnpasten. Bei Katzen genügt es, die Zähne mit der guten alten Schlämmkreide und einem feuchten Lappen zu reinigen.

Analbeuteldrüsenkontrolle beim Hund

Der letzte, aber nicht unwesentliche Punkt der Vorsorgeuntersuchung beim Hund ist die Kontrolle der Analbeuteldrüsen. Das sind jene Drüsen, die beiderseits der Afteröffnung am Übergang vom Darm zur äußeren Haut sitzen. Sie sondern ein übelriechendes Sekret ab, das bei der Stuhlentleerung den After gleitfähig machen soll. Weil aber unsere Hunde heute durch die veränderte Fütterung meist keinen harten Stuhl mehr haben, werden diese Drüsen zuwenig beansprucht und müssen regelmäßig vom Tierarzt entleert werden. Sonst dickt sich das Sekret ein und verstopft die Drüsenausgänge. Dadurch entzünden sich die Analdrüsen. Wenn das der Fall ist, merken Sie das, wenn der Hund mit dem Hinterteil über den Boden rutscht («der Hund fährt Schlitten») und sich im Kreis dreht, um an sein Hinterteil zu kommen. Außerdem versucht er zu beißen, wenn man ihn am Schwanz oder Hinterteil berührt. Der Hund leckt in der Aftergegend, hat Beschwerden beim Stuhlgang und sondert eitrige Sekrete mit üblem Geruch ab.
Wenn Sie alle diese Symptome übersehen, bilden sich Abszesse, die schwer abheilen.

«Namensschild» unter der Haut

Bevor wir das Kapitel Gesundheitsvorsorge abschließen, wollen wir noch eine Neuheit vorstellen, die auch der Sorge um das Tier dient: Das «Namensschild» unter der Haut. Wenn Sie Ihren Vierbeiner gern haben und entsprechende Vorkehrungen treffen, sollte es eigentlich gar nicht so weit kommen, daß das Tier «verschwindet» und großen Gefahren ausgesetzt ist. Wenn es jedoch trotzdem einmal passiert, kann das Namensschild unter der Haut wertvolle Dienste leisten, den Vierbeiner wiederzufinden. Es handelt sich dabei um einen Mikrochip, der mit einem Injektionsgerät unter die Haut am Hals gesetzt wird. Das geht so schnell wie eine Schutzimpfung und ist schmerzlos. In jedem Mikrochip ist eine bestimmte Kennzahl gespeichert. Unter dieser Nummer wird in der Zentraldatenstelle eine Kartei mit den Daten von Tier und Besitzer angelegt. Tierrettung, einige Tierschutzhäuser, die Universität für Veterinärmedizin in Wien und viele Tierärzte haben bereits Lesegeräte, um Besitzer ausfindig zu machen. Wird nun ein «herrenloses» Tier gefunden, fährt man mit dem Lesegerät über die Stelle, wo der Chip eingepflanzt ist. Dieser sendet die Kennzahl aus, unter der man dann den Besitzer in der Zentraldatenstelle findet. So können zugelaufene, gefundene, verletzte oder gestohlene Hunde und Katzen rasch identifiziert werden.

Manchmal kommt es auch vor, daß jemand in dem Tier eines anderen Besitzers sein eigenes, verschwundenes zu erkennen glaubt, was zu heftigen Streitigkeiten führen kann. Die elektronische Markierung schaltet jeden Zweifel aus. Entläuft ein Vierbeiner, meldet man das bei der Zentraldatenstelle, die Tierärzte und Heime verständigt. Die «Mikrochip-Impfung» kann gleich nach der Geburt durchgeführt werden.

2

Erste Hilfe

Verletzungen, Vergiftungen und manche Erkrankungen erfordern rasches Handeln des Tierbesitzers. Denn gezielte Erste Hilfe kann bis zum Eingreifen des Tierarztes oft das Schlimmste verhindern und Ihrem Liebling das Leben retten. Oberstes Gebot: Ruhig und überlegt handeln, auch wenn der Anblick einer Verletzung oder die Symptome einer Vergiftung Sie im ersten Moment vielleicht in Panik versetzen.
Hier die häufigsten Anlässe für Erste-Hilfe-Maßnahmen, damit Sie im entscheidenden Moment wissen, was zu tun ist.

Bienen- und Wespenstiche

Verspielt, wie Hunde und Katzen nun einmal sind, versuchen sie, Bienen und Wespen zu fangen und aufzufressen. Besonders gefährlich wird es für Hunde, wenn sie im Wald beispielsweise ein Wespennest aufstöbern und in ihrer Neugier daran herumschnüffeln.
Wie bedrohlich die Situation ist, hängt natürlich davon ab, welche Stelle sich das Insekt für seinen Angriff ausgesucht hat. Stiche in die Pfote lösen Schwellung und Juckreiz aus. Anzeichen: Ihr Tier schleckt an der Wunde und lahmt beim Laufen. Naßkalte Wickel oder noch besser Umschläge mit essigsaurer Tonerde schaffen Abhilfe.
Gefährlicher sind da schon Stiche in Zunge oder Rachen, die so stark anschwellen können, daß der Vierbeiner nach Luft ringt und zu ersticken droht. In diesem Fall sollten Sie Hund oder Katze so rasch wie möglich Eiswürfel in die Schnauze geben und schnellstens einen Tierarzt aufsuchen.

Besonders problematisch sind Tiere, die auf Insektenstiche mit allergischem Schock reagieren, Kreislaufkollaps, oberflächliche Atmung und vollkommene körperliche Schwäche sind die Folgen. Das Tier bricht zusammen, die Gliedmaßen fühlen sich kalt an. Alle Schleimhäute sind blaß, manchmal verfärben sie sich auch bläulich.
Jeder Schock bedeutet Lebensgefahr! Wickeln Sie Ihren Liebling sofort in warme Decken oder Alufolie, damit er nicht auskühlt, und suchen Sie dann unverzüglich den Tierarzt auf.
Bei allen Arten von Insektenstichen sollen Sie Ihrem Tier auch größere Mengen von Kalziumtabletten verabreichen.

Hitzschlag

Daran sind fast immer die Tierbesitzer schuld. Denn immer wieder erleiden Hunde und Katzen an heißen Sommertagen im noch heißeren Auto einen Hitzschlag. Auch bei leicht geöffnetem Fenster staut sich die Hitze im Wagen so stark, daß Temperaturen um die 70 Grad Celsius keine Seltenheit sind.
Aber auch im Schwimmbad oder am Strand bezahlen Haustiere den Leichtsinn ihrer Besitzer mit Hitzschlag, wenn sie neben Herrl oder Frauerl in der Sonne braten müssen. Sorgen Sie daher immer für ein schattiges Plätzchen, auf das sich Ihr Liebling zurückziehen kann.
Tiere, die einen Hitzschlag erleiden, hecheln, verlieren schließlich das Bewußtsein, verkrampfen sich und werden von Fieber geschüttelt. Erbrechen, Durchfall und schließlich der Tod sind die schrecklichen Folgen.
Wenn Sie die ersten Symptome merken, bringen Sie Ihr Tier sofort in den Schatten oder noch besser in einen kühlen Raum (z. B. Keller). Spülen Sie den Körper mit kaltem Wasser ab und wickeln Sie den Vierbeiner in feuchtkalte Tücher. Sofort den Tierarzt rufen!

Ohrenschmerzen und Bindehautentzündung

Wenn Sie mit Ihrem Hund im Auto fahren, vermeiden Sie, daß er den Kopf aus dem Fenster streckt und seine Ohren im Wind flattern läßt. So lustig das auch aussehen mag, die schlimmen Folgen für den Hund können Ohren- und Bindehautentzündung sein. Außerdem gelangen leicht Fremdkörper in Augen und Ohren. Ebenso gefährdet sind Katzen, denen im Transportkorb die Zugluft durchs offene Autofenster um den Kopf weht.

Bei Bindehautentzündung, Augenausfluß und Fremdkörpern im Auge vermeiden Sie möglichst grelles Licht. Leicht entfernbare Fremdkörper dürfen Sie selbst herausnehmen. Wattebausche mit kaltem Kamillentee lindern den Schmerz. Den Weg zum Tierarzt nicht auf die lange Bank schieben!

Leidet das Tier unter Ohrenschmerzen, fällt dem Besitzer auf, daß es ständig den Kopf schüttelt, an den Ohren kratzt und eventuell Gleichgewichtsprobleme hat. Reinigen Sie vorsichtig die Innenseite der Ohrmuschel mit einem in lauwarmem Wasser oder Babyöl getränkten Wattebausch. Fremdkörper, die nicht zu tief sitzen, können Sie vorsichtig herausziehen. Ein Ohrenreinigungsmittel für Hunde und Katzen darf ebenfalls als Erste Hilfe in den Gehörgang gespritzt werden. Die weitere Behandlung muß der Tierarzt durchführen.

Zeckenbiß

Vom Frühsommer bis in den Spätherbst finden Tierbesitzer nach Spaziergängen immer wieder festgesaugte Zecken im Fell ihrer Lieblinge. Entfernen Sie die Parasiten, um unangenehme Entzündungen zu vermeiden.

Bedecken Sie die Zecke mit Öl und entfernen Sie diese nach einiger Zeit mit einer raschen Drehung gegen den Uhrzeigersinn. Oder Sie betupfen den Parasit mit konzentriertem Alkohol und drehen den Zeckenkörper so lange im Kreis, bis er abfällt.

Erbrechen

Erbrechen Hunde und Katzen, so kann das viele Ursachen haben. Die häufigsten sollte jeder Tierbesitzer wissen.

Falsches Futter ist meist der Grund für eine *einfache Magenverstimmung.* Es kann auch sein, daß das Tier bei einem Spaziergang etwas Unverträgliches gefressen hat. Bei der einfachen Magenverstimmung

setzt das Tier normal Kot ab, und nach einem Fasttag, bei dem nur Kamillen- oder Käspappeltee gegeben wird, ist der Magen wieder in Ordnung. Dauert das Erbrechen bei normalem Stuhlgang an, ist eine *Gastritis* – Entzündung der Magenschleimhaut – zu befürchten, die vom Arzt behandelt werden muß.
Erbricht das Tier mehrmals täglich, ohne zu den üblichen Zeiten Kot abzusetzen, kann *Darmverschluß* durch einen Fremdkörper die Ursache sein. Hunde und Katzen verschlucken beim Spielen leicht Gegenstände. So wurden schon Halsketten, Steine, Kastanien, ja sogar ein Gebiß in Hundebäuchen gefunden. Katzen wiederum verschlucken gerne Schnüre.
Bei der *Urämie* gelangen auf Grund einer Erkrankung der Nieren giftige Stoffe in den Blutkreislauf, die das gesunde Organ normalerweise ausscheidet. Es fällt auf, daß die Tiere übermäßig viel trinken und das Getrunkene sofort wieder erbrechen. Urämie bedeutet Lebensgefahr für den Vierbeiner. Wird die Krankheit übersehen, kann meist auch der Tierarzt nicht mehr helfen.

Magendrehung

Dabei dreht sich der Magen um die eigene Achse und klemmt die Blutgefäße ab. Der Mageninhalt beginnt zu gären, giftige Gase bilden sich. Besonders anfällig sind großwüchsige Hunde wie Doggen und Schäfer. Erstes Anzeichen: Der Bauch bläht sich auf wie ein Luftballon. Innerhalb kürzester Zeit wird das Tier völlig apathisch, kollabiert und verendet schließlich. Hier geht es also buchstäblich um Minuten, dem Tier durch eine sofortige Operation in der Tierklinik das Leben zu retten!

Vergiftungen

Bemerkt der Hunde- oder Katzenbesitzer bei seinem Tier plötzliches Erbrechen, Durchfall, Krämpfe, Bewußtlosigkeit oder Blutungen aus den Körperhöhlen, vermutet er meist eine Vergiftung. Grundsätzlich muß man aber sagen, daß natürlich auch andere Erkrankungen diese Symptome zeigen können und Vergiftungen seltener auftreten als vielleicht angenommen.

Am häufigsten vergiften sich Haustiere mit Rattengiftködern. Bei Hunden besteht die Gefahr, daß sie das ausgelegte Gift direkt fressen. Katzen nehmen es meist über vergiftete Ratten oder Mäuse auf.
Viele Köder enthalten den Wirkstoff Dicumarol. Diese Substanz blockiert die Blutgerinnung, das Tier geht an innerer Verblutung zugrunde. Hat Ihr Vierbeiner Dicumarol erwischt, erkennen Sie das an folgenden Symptomen: Blutungen aus Nase, Haut, After oder Harnröhre. Lidbindehäute und Maulschleimhaut werden blaß, fühlen sich kalt an und bluten punkt- oder flächenförmig. Oft hat das Tier Untertemperatur.
Ein zweiter, sehr gefährlicher Wirkstoff in Rattenködern ist Strychnin. Nach etwa 30 bis 60 Minuten windet sich das Tier in starken Krämpfen, die rasch zum Tod führen.
Auch Vergiftungen mit Pflanzenschutzmitteln kommen vor. Diese enthalten meist Phosphorsäure. Hat Ihr Haustier davon gefressen, zeigen sich die ersten Anzeichen der Vergiftung nach etwa 10 bis 20 Minuten: Der Vierbeiner beginnt zu zittern und taumelt benommen. Schließlich speichelt er, leidet an Darmkrämpfen und Muskelzuckungen.
Vor allem von Junghunden müssen Medikamente ferngehalten werden. Es passiert immer wieder, daß ein verspieltes Hundekind in Abwesenheit seines Besitzers eine Medikamentenpackung zerbeißt und den Inhalt teilweise auffrißt.
Erste Maßnahme bei allen Vergiftungen: Versuchen Sie festzustellen, welches Gift Ihr Liebling erwischt hat. Geben Sie ihm Kohletabletten, die das Gift zumindest teilweise an sich binden können. Und dann so rasch wie möglich zum Tierarzt! Nehmen Sie Reste von Medikamenten, Pflanzenschutzmitteln usw. mit. Das erleichtert dem Arzt die richtige Behandlung.

Krampfanfälle

Für Tierbesitzer besonders schlimm anzusehen sind Krampfanfälle ihrer Lieblinge. Obwohl das Tier die Augen weit aufgerissen hat, erkennt es sein Herrl/Frauerl nicht. Schaum tritt aus dem Maul, die Muskulatur verkrampft sich, der ganze Körper zittert.
Solche Anfälle sehen meist ärger aus, als sie sind. Es handelt sich dabei um unkontrollierte Entladungen im Gehirn, die den Vierbeinern aber

keine Schmerzen verursachen. Auf keinen Fall dürfen Sie versuchen, dem Tier während des Anfalls Medikamente oder Flüssigkeit einzugeben. Verdunkeln Sie das Zimmer und stellen Sie Lärmquellen wie Radio, Fernseher oder Haushaltsgeräte ab. Meist hören die Verkrampfungen nach wenigen Minuten auf. Dann hüllen Sie den Vierbeiner in eine Decke und bringen ihn zum Tierarzt. Schildern Sie dem Arzt genau den Verlauf des Anfalls, das erleichtert ihm Diagnose und Therapie.

Unfälle

Wenn Hunde und Katzen nach Verkehrsunfällen auf den ersten Blick unversehrt aussehen, täuscht das oft. Durch den heftigen Aufprall erleiden Vierbeiner meist innere Verletzungen, die, wenn man sie übersieht, tödlich enden können. Legen Sie das verunglückte Tier bis zum Eintreffen der Tierrettung auf eine Decke oder ein Kleidungsstück und decken Sie es zu.
Äußere Blutungen stillt man durch einen lockeren Verband. Schnüren Sie aber nicht etwa das Bein oberhalb der Wunde mit einem Gummiring oder Band ab. Das kann zum Absterben des Gewebes führen, weil alle Gefäße, die das Bein mit Sauerstoff versorgen, abgeklemmt werden!
Knochenbrüche selbst zu schienen ist weitaus komplizierter, als man denkt. Transportieren Sie den verletzten Vierbeiner lieber vorsichtig zum Arzt.
Bedenken Sie, daß verletzte Tiere aus Angst oder Schmerz mit Abwehrbewegungen reagieren können. Nähern Sie sich dem Patienten daher langsam und sprechen Sie beruhigend auf ihn ein, das vermindert die Beiß- und Kratzgefahr.

Kleine Verletzungen

Aufgeschnittene Pfotenballen, abgebrochene Krallen, eingerissene Ohren – nichts Außergewöhnliches, wenn sich Hund und Katze im Freien aufhalten. Eingetretene Glasscherben, ein beschädigter Drahtzaun, an dem das Tier hängenbleibt, eine mißglückte Klettertour – und schon gibt's stark blutende Wunden. Die Verletzungen sind zwar meist harmlos, müssen aber trotzdem fachgerecht versorgt werden.

Blutende Pfoten binden Sie am besten schichtweise von unten nach oben ein, bis kein Blut mehr durchsickert. Da vierbeinige Patienten beim Abstreifen von «Fremdkörpern» viel Geschick an den Tag legen, befestigen Sie den Verband mit einem starken Klebeband am Fell.

Vor allem Hunde mit langen Ohren neigen dazu, verletzte Ohren zu schütteln und daran zu kratzen, was die Infektionsgefahr erhöht. Dadurch wird natürlich der Heilungsprozeß verlangsamt oder sogar verhindert. Klappen Sie daher die Ohrmuschel hoch und kleben Sie diese am Kopf fest. Kratzen verhindern Sie am besten durch eine trichterförmige Halskrause aus Karton oder Kunststoff.

Viele Tierbesitzer kennen die Situation: Ihr Vierbeiner wird bei einem Spaziergang in eine Rauferei verwickelt oder kommt zerzaust von einem «Revierkampf» zurück. Auch wenn Sie äußerlich kaum etwas sehen, dürfen Sie kleine, nur gering blutende Bißwunden nicht unterschätzen. Die Zähne der «Gegner» sind lang und messerscharf. Sie reißen oft tiefe «Taschen» in das Gewebe unter der Haut. Dringt Schmutz ein, bilden sich Abszesse, die nur schwer abheilen. Daher sollten Sie Bißwundenverletzungen – auch wenn sie harmlos aussehen – gründlich reinigen und mit einem desinfizierenden, heilungsfördernden Mittel behandeln.

3

Ernährung

Wie für Menschen ist auch für unsere vierbeinigen Hausgenossen richtige, ausgewogene Ernährung Voraussetzung für Gesundheit, Wohlergehen und Leistungsfähigkeit. Deshalb sind oft Vierbeiner von übergewichtigen Tierbesitzern ebenfalls zu dick. Denn wer sich über die eigene Ernährung zuwenig Gedanken macht, tut dies auch bei seinem Hausgenossen.

In jüngster Zeit setzt sich aber doch bei der Mehrheit der Bevölkerung ein gewisses Ernährungsbewußtsein durch, das auch Hund und Katze zugute kommt. «Ernährungsberatung» ist zum fixen Bestandteil jeder tierärztlichen Praxis geworden. Denn durch intensive Forschung im Bereich der Heimtierernährung weiß man heute genau über den Bedarf der Vierbeiner Bescheid. Grundsätzlich ist zu sagen, daß sich Hund und Katze in ihrer Ernährungsweise deutlich unterscheiden. Während der Hund eine Zwischenstellung zwischen Fleischfresser und Allesfresser einnimmt, ist die Katze ein Fleischfresser geblieben, weil sie eine Reihe lebensnotwendiger Stoffe nur aus tierischem Futter beziehen kann.

Der Hund ist, was er frißt

Was soll und darf mein Hund fressen, ist die erste Frage, die sich jeder Tierbesitzer stellt. Oberstes Gebot: Der Hund ist kein Müllschlucker! Nicht alle Küchenabfälle sind automatisch die ideale Nahrung für den Hund.

Da der Hund vom Wolf abstammt, ist er wie dieser ein Schlinger. Das heißt, er zerkleinert die Nahrung in der Mundhöhle kaum, sondern schlingt große Brocken unzerkaut hinunter. Die Wölfe fressen aber von den Beutetieren nicht nur das Muskelfleisch, sondern auch Magen und Eingeweide mit vorverdautem pflanzlichem Inhalt. Auf diese Weise nehmen sie auch Kohlenhydrate auf. Knochen, Sehnen und Bänder fressen sie ebenfalls mit. Und da man in der freien Natur nie weiß, was der nächste Tag bringen wird, fressen Wölfe große Mengen auf Vorrat. Haben sie zuviel verschlungen, können sie den Überschuß durch den trichterförmigen Magenausgang leicht wieder herauswürgen. Der Rest der Beute wird für schlechtere Tage eingegraben und aufgehoben. Mit gut gefülltem Magen legen die Wölfe dann eine ausgiebige Ruhepause ein.

Obwohl unsere Haushunde das Futter nicht mehr selbst erbeuten müssen, haben sie noch immer viel vom wölfischen Freßverhalten in sich. Sie schlingen möglichst viel auf einmal in sich hinein und vergraben leidenschaftlich gerne Futterreste oder Knochen als Vorrat im Garten, obwohl sie genau wissen, daß sie täglich gefüttert werden. Es liegt also am Besitzer, die Futtermenge zu begrenzen.

Entscheidend ist die richtige Zusammensetzung der Nahrung. Zwei Drittel des Futters sollen aus Fleisch und Innereien bestehen, der Rest ist Beifutter. Als solches eignen sich Hundeflocken, Reis (am besten ungeschälter Vollwertreis, der viele B-Vitamine enthält), Haferflocken oder Maisgrieß. Auch jede Art von Gemüse wie etwa geraspelte Karotten gehören ins Hundemenü. Falls Ihr Liebling «Appetit» auf Obst hat, sollten Sie diesem Bedürfnis entsprechen. Es eignen sich alle Obstsorten.

Meist nehmen die Tiere mit ihrer Nahrung an Mineralstoffen zuviel Phosphor und zuwenig Kalzium auf. Um das ideale Kalzium-Phosphor-Verhältnis von 3:2 zu erreichen, kann man Kalkpräparate beifüttern. Dies ist vor allem für Junghunde wichtig, die während des Wachstums viel Kalzium für den Knochenaufbau brauchen. Bei unausgeglichenem Kalzium-Phosphor-Verhältnis kann der Knochenstoffwechsel entgleisen und zu Skeletterkrankungen führen. Bei einem zehn Kilogramm schweren Hund genügt es, wenn Sie einen Eßlöffel Schlämmkreide täglich unter das Futter mischen. Oder Sie verwenden die im Handel erhältlichen Kalzium-Phosphor-Mischpräparate. Zur Kräftigung des Hundes und als Vorbeugung gegen viele Krankheiten sind auch Vitaminpräparate anzuraten. Die Art der Präparate und die Dosierung besprechen Sie am besten mit Ihrem Tierarzt.

Daß Hunde möglichst kein Salz fressen sollen, war früher ein weitverbreitetes Vorurteil. Heute weiß man, daß jeder Hund eine geringe Menge Kochsalz braucht. Unbedingt zu vermeiden sind aber scharfe Gewürze! Viele Hundebesitzer fragen sich auch, ob sie Fleisch roh oder gekocht füttern sollen. Die Antwort ist eindeutig: Fleisch soll unbedingt gekocht werden, um die Gefahr einer Infektion mit Salmonellen, Toxoplasmose und bei rohem Schweinefleisch auch mit dem sogenannten Aujesky-Virus auszuschalten. Dieses Virus kommt oft bei älteren Schweinen vor, ohne daß die Tiere selbst Symptome zeigen. Stecken sich allerdings Hunde dann durch das rohe Fleisch an, werden sie unruhig, haben starken Speichelfluß und heftigen Juckreiz. Die Aujesky-Krankheit verläuft beim Hund tödlich! Es ist keine Behandlung möglich.
Zum richtigen Fressen gehört natürlich auch richtiges Trinken. Frisches Wasser muß immer in ausreichender Menge zur Verfügung stehen. Generell gewarnt werden muß vor allzu eintöniger Nahrung. Geben Sie Ihrem Hund beispielsweise ausschließlich Herz, so können im Laufe der Zeit Veränderungen an den Knochen auftreten, weil das Kalzium-Phosphor-Verhältnis gestört ist. Herz enthält nämlich sehr viel Phosphor.
Füttern Sie möglichst keine Knochen. Besonders gefährlich sind Hühnerknochen. Sie können leicht splittern und sich in die Schleimhaut von Speiseröhre, Magen oder Darm bohren oder sogar den Darm durchstoßen. Auch Kotelettknochen bleiben leicht in Schlund oder Speiseröhre stecken. Sehr unangenehm und nicht ungefährlich sind beispielsweise Knochenkotverstopfungen (siehe Kapitel Verdauungstrakt). Eventuell eignen sich für nicht zu alte Hunde jedoch größere Kalbsknochen, damit die Zähne trainiert werden und die Selbstreinigung der Zähne unterstützt wird. Noch ungefährlicher sind die im Handel erhältlichen Büffelknochen, an denen der Hund seinen Beißtrieb abreagieren kann.
Wenn Sie der Einfachheit halber lieber Fertig-Tierfutter verwenden wollen, geben Sie Feuchtfutter in Dosen den Vorzug. Das Dosenfutter enthält nämlich die Grundnährstoffe Eiweiß, Kohlenhydrate und Fett im richtigen Verhältnis. Außerdem sind auch alle Vitamine und Mineralstoffe in ausreichender Menge darin enthalten. Nur Trockenfutter zu geben, ist nicht zu empfehlen, da die wenigsten Tiere so viel Wasser zusätzlich aufnehmen, wie sie benötigen würden, um das viele Trockenfutter auszugleichen. Sand und Steine in den Harnwegen können die Folge sein.

Wichtig ist auch zu wissen, wie oft am Tag der Hund gefüttert werden muß. Hundekinder bis zum sechsten Monat müssen auf alle Fälle dreimal täglich Nahrung bekommen. Bei erwachsenen Hunden gehen die Meinungen auseinander. Aber da der vierbeinige Gefährte sich doch sehr dem Lebensrhythmus des Menschen anpassen muß, ist es besser, zwei- bis dreimal täglich kleinere Portionen zu geben als einmal täglich eine Riesenportion. Die einmalige Fütterung ist besonders für große Hunderassen wie Doggen oder Schäferhunde nicht sehr günstig, vor allem, wenn das Futter schwer ist (Kutteln). Eine falsche Bewegung des Tieres, und es kommt zur gefürchteten Magendrehung (siehe Kapitel Verdauungstrakt). Diese endet tödlich, wenn nicht sofort operiert wird. Genau wie ihre Vorfahren, die Wölfe, sollen Hunde nach dem Fressen ruhen.

Wieviel der Gefährte fressen soll und darf, kann man nicht mit genauen Mengenangaben beantworten. Jeder Hundebesitzer muß selbst herausfinden, bei welcher Futtermenge sein Hund gesund und schlank bleibt. Schließlich gibt es wie beim Menschen auch beim Hund gute und schlechte Futterverwerter. Und selbstverständlich braucht ein lebhaftes Tier mit viel Auslauf und Bewegung mehr Futter als ein bequemer, träger Hund. Im allgemeinen fressen Hunde aber eher zuviel, wenn sich die Gelegenheit bietet. Da Übergewicht jedoch strikt zu vermeiden ist, sollten Sie Ihren Hausgenossen regelmäßig wiegen und eine Gewichtstabelle führen. Hat der Hund deutlich zugenommen, muß die Futtermenge unbedingt reduziert werden. Ist der Hund zu mager, weil er zuwenig frißt, was jedoch beim gesunden Tier äußerst selten vorkommt, verordnet der Tierarzt spezielle Injektionen, die den Stoffwechsel anregen und den Appetit fördern.

Eines sollten Sie auch immer beachten: Egal, ob Sie das Futter selbst zubereiten oder Fertigfutter verwenden, es darf nie zu kalt oder zu heiß sein. Nahrung aus dem Kühlschrank nicht sofort füttern, sondern einige Zeit bei Zimmertemperatur liegen lassen. Übriggelassenes Futter wegräumen, damit es nicht verdirbt. Am besten, Sie geben Ihrem Liebling beim nächsten Mal etwas weniger. Daß Futter- und Wasserschüssel immer sauber sein müssen, ist eine Selbstverständlichkeit.

Leider gibt es noch immer Leute, die glauben, ihren Hund ausschließlich mit Fleisch füttern zu können. Das ist ein schwerwiegender Fehler und führt zum sogenannten *Nur-Fleisch-Syndrom.* Der Hund bekommt zwar viel hochwertiges Eiweiß, aber die Mineralstoffversorgung und Vitaminversorgung ist viel zu gering. Knochenverformungen, Gelenksschmerzen, Störungen im Allgemeinbefinden und Gewichtsabnahme sind die Folge. Das Fell wird matt und stumpf. Durch das Eiweißüberangebot erkranken schließlich auch Leber und Nieren.

Fettsucht ist die häufigste Folge falscher Ernährung. Ursache dafür sind Überfütterung, falsch zusammengesetztes Futter (zuviel Fett und Kohlenhydrate), zu viele «Häppchen» zwischendurch und zuwenig Bewegung. Hier eine einfache Methode, wie Sie feststellen können, ob Ihr Hund zu dick ist: Befühlen Sie Rippenbogen und Wirbelsäule. Bei einem normalgewichtigen Tier müssen Rippenbogen und Wirbelsäule durch die Haut gut spürbar sein. Ertasten Sie statt dessen nur noch Fett, ist es höchste Zeit, Ihren Hausgenossen einer Abmagerungskur zu unterziehen. Denn ein übergewichtiger Hund ist nicht nur unschön anzusehen, sondern wird auch bald krank werden. Fette Hunde neigen zu Herz- und Kreislaufstörungen, Zuckerkrankheit und Schäden am Bewegungsapparat, der dem Übergewicht einfach nicht mehr gewachsen ist.

Wenn Sie konsequent sind, ist es nicht schwierig, den Hund wieder auf sein Normalgewicht zu bringen. Denn es gibt bereits fertiges, kalorienarmes Diätfutter, mit dem der Hund abnehmen kann, ohne hungern zu müssen. Außerdem ist es mit allen lebensnotwendigen Vitaminen und Mineralstoffen angereichert, so daß der Hund keine Mangelerscheinungen bekommt.

Wenn Sie das Futter lieber selbst zusammenstellen möchten, verwenden Sie am besten Leber, Lunge und Kuttelfleck, die wenig Kalorien haben. Dazu empfiehlt sich cellulosehaltiges Beifutter wie Gemüse. Außerdem sollten Sie ein vom Tierarzt verordnetes Vitaminpräparat zufüttern. Ein Fasttag pro Woche ist ratsam. Dadurch wird das Tier entschlackt, was auch seiner «wölfischen Vergangenheit» entspricht. Trinkwasser muß an einem Fasttag selbstverständlich reichlich zur Verfügung stehen. Der Hund sollte während der Abmagerungskur mindestens einmal wöchentlich gewogen werden. Das Resultat halten Sie am besten in einer Gewichtstabelle fest. Die Gewichtsabnahme, die man pro Woche bei einem Hund erwarten kann, beträgt – natürlich je nach Größe des Vierbeiners – ein halbes bis zwei Kilogramm.

Jedem, der dem Betteln des Hausgenossen nicht widerstehen kann, sollte bewußt sein, daß Übergewicht ein Hundeleben oft um Jahre verkürzen kann.

Zuckerkrankheit befällt – genau wie die Fettsucht – besonders ältere Tiere. Die Fertigdiäten gegen Fettsucht eignen sich auch sehr gut gegen Zuckerkrankheit, da sie sehr rohfaserreich sind. Der Rohfaseranteil wirkt nach der Futteraufnahme blutzuckersenkend. Daß Hunde keine zuckerhaltigen Süßspeisen bekommen sollen, ist wohl selbstverständlich. Die Fütterungszeiten und -mengen sollten Sie möglichst genau einhalten, um die Insulingaben darauf einstellen zu können.

Auch bei *Nierenerkrankungen* kann die richtige Diät wesentlich zur Heilung beitragen oder zumindest das Fortschreiten der Krankheit aufhalten. Bei Nierenerkrankungen können die in ihrer Funktion eingeschränkten Nieren die beim Eiweißabbau entstehenden Stoffwechselprodukte (z. B. Harnstoff, Creatinin, manche Mineralstoffe wie Phosphor, Kalium, Magnesium und Natrium) nicht mehr ordentlich abbauen. Die Stoffe bleiben im Blut zurück und vergiften es schließlich. Dem kann man entgegenwirken, indem man darauf achtet, daß die Nahrung weniger Eiweiß und weniger Mineralstoffe als normal enthält. Dafür sollte die Nahrung reich an Vitamin B sein. Die geringen Mengen Eiweiß im Futter sollten allerdings von hoher Qualität sein. Dafür eignen sich Milchprodukte, Eier und hochwertiges Muskelfleisch. Dazu gehören noch Gemüse und Fette. Da es bei Nierenerkrankungen gar nicht leicht ist, das Futter nach diesen Gesichtspunkten richtig zusammenzustellen, empfehlen sich spezielle Diäten. Bei den fertigen Nierendiäten gibt es zwei verschieden streng zusammengesetzte Ausführungen. Der Tierarzt wählt dann je nach Schweregrad der Erkrankung die richtige aus.

Durchfallerkrankungen kommen beim Hund häufig vor. Man kann sie aber, sofern sie nicht durch schwere andere Erkrankungen (Infektionskrankheiten, Organerkrankungen) bedingt sind, mit einer Diät recht gut in den Griff bekommen. Denn sehr oft sind Fütterungsfehler Auslöser für Verdauungsstörungen. Milz, Leber, rohes Pferdefleisch, Produkte, die reich an Milchzucker sind, wie Vollmilch und Magermilch, fördern Durchfall. Topfen und Käse sind hingegen arm an Milchzucker und werden daher sehr gut vertragen. Auch zu kaltes Futter oder abrupter

Futterwechsel hat schon bei so manchem Vierbeiner zu massiven Verdauungsstörungen geführt.
Auf alle Fälle günstig bei Durchfall ist absoluter Nahrungsentzug für einen Tag und für ein paar Stunden auch Flüssigkeitsentzug, damit sich der Verdauungstrakt erholen kann. Ohne Flüssigkeit darf das Tier allerdings wirklich nur ein paar Stunden bleiben! Dann müssen Sie dem Vierbeiner wieder reichlich Flüssigkeit zur Verfügung stellen. Setzen Sie bei starkem Durchfall zwei Gramm Kochsalz pro Liter Wasser zu. Zur Kräftigung können Sie Ihrem Liebling etwas Traubenzucker in russischen Tee oder Kamillentee geben. Auch fettarme Diät leistet gute Dienste. (Weitere Anregungen im Kapitel Verdauungstrakt.)
Durchfall kann auch als Folge einer Futtermittelallergie auftreten. Dafür gibt es allergenfreies Diätfutter, das ein Leben lang verabreicht werden sollte. Der Tierarzt kann testen, auf welche Stoffe der Vierbeiner allergisch reagiert, und wird dann die passende Diät verordnen (Kapitel Haare, Haut und Allergien).
An Verstopfung leiden Hunde, abgesehen von der Knochenkotverstopfung, eher selten. Sollte dies trotzdem der Fall sein, regt die Zufütterung von Kleie, Trockengemüse und anderen Ballaststoffen die Darmtätigkeit an.
Bei *chronischen Herzkrankheiten* muß die medikamentöse Therapie durch entsprechende Diätmaßnahmen unterstützt werden. Oberstes Gebot: Geben Sie herzkranken Hunden niemals große Portionen Futter auf einmal. Ein überfüllter Magen drückt das Zwerchfell nach vorne. Das ohnehin schon in seiner Tätigkeit eingeschränkte Herz kann in der verkleinerten Brusthöhle noch schwerer arbeiten. Geben Sie dem Tier lieber mehrere kleine Portionen über den Tag verteilt.
Bei herzkranken Vierbeinern werden durch die verminderte Leistung des Herzens auch die Nieren schlechter durchblutet und scheiden dadurch zu wenig Natrium und Wasser aus. Es kommt zu Wasseransammlungen im Gewebe, was vor allem beim Hund zu Bauchwassersucht führt. Die Menge des Bauchwassers kann fast bis zu einem Viertel des Körpergewichts ausmachen. Deshalb ist es wichtig, daß Sie die Natriumzufuhr in der Nahrung reduzieren, das heißt salzarm (Salz = Natriumchlorid) füttern. Den Salzgehalt von Fleisch können Sie verringern, wenn Sie es in viel Wasser kochen und das Kochwasser anschließend

abgießen. Einfacher und besser ist es, wenn Sie entsprechende Fertigdiäten verwenden, die durch ihre ausgewogene Zusammenstellung auch keinerlei Mangelerscheinungen befürchten lassen.
Spezielle Ernährungsbedürfnisse haben auch *Welpen und Junghunde.* Normalerweise trinken Welpen bis zum Alter von sechs Wochen bei der Mutter. Fällt die Mutter aus irgendeinem Grund viel früher als Nahrungsquelle aus, so darf man nicht einfach Kuhmilch geben, da diese viel mehr Milchzucker, aber viel weniger Fett enthält als Hundemilch. In diesem Fall ist es ratsam, die im Handel erhältliche Trockennährmilch für Hunde zu verwenden. Die Zugabe von Karottensaft verhindert Durchfall.
Aber auch wenn die Mutter genug Milch hat, soll etwa ab der dritten Woche mit der Beifütterung von fester Nahrung begonnen werden. Gut geeignet ist die sogenannte Juniorkost in Dosen, da deren Mineralstoffgehalt den erhöhten Bedarf während der Wachstumsphase abdeckt. Zu Beginn kann die Nahrung mit Hafer- oder Reisschleim verflüssigt werden. Statt Dosenfutter eignet sich auch frisches Faschiertes oder kleingehacktes, gekochtes Hühnerfleisch. Sobald Sie auch feste Nahrung geben, muß für die Welpen Trinkwasser zur Verfügung gestellt werden. Ab der sechsten Lebenswoche kann das Hundekind auf normale Junghundekost umgestellt werden. Anfangs sind vier bis fünf Mahlzeiten täglich nötig, ab der zwölften Woche drei Mahlzeiten. Ab dem Alter von sechs Monaten genügen zwei Fütterungen täglich.
Die richtige *Ernährung älterer Hunde* spielt für deren Wohlbefinden sicher auch eine große Rolle. Denn falsches Futter begünstigt das Entstehen von chronischen, degenerativen Erkrankungen. Auch gesunde ältere Hunde unterscheiden sich im Stoffwechsel doch um einiges von jüngeren. Zum Beispiel können sie Eiweiß nicht mehr so gut verwerten. Deshalb soll man alten Hunden nur sehr hochwertiges, gut verdauliches Eiweiß (Muskelfleisch, Milchprodukte) füttern, um Darm und Leber zu entlasten. Auch Phosphor sollte in der Nahrung von alten Vierbeinern reduziert werden. Tierische Fette ersetzen Sie am besten durch pflanzliche, da diese leichter verdaulich sind und wertvolle Fettsäuren enthalten.
Da sich ältere Tiere nicht mehr so gerne bewegen, neigen sie eher zu Verstopfung als jüngere. Dem beugen Sie mit rohfaserreichem Futter

vor, das genügend Ballaststoffe (Kleie, Gemüse, Obst) enthält. Alte Hunde brauchen auch besonders viele Vitamine. Vitamin A, B1, B2, B6, B12 müssen zugefüttert werden. Jüngste Forschungen haben ergeben, daß Vitamin E die Widerstandskraft älterer Tiere gegen Krankheiten erhöhen kann. Verabreichen Sie auch keine «Riesenportionen». Denn dadurch wird das Zwerchfell nach vorne gedrückt und beeinträchtigt die Herz- und Lungentätigkeit. Geben Sie dem Tier mehrere kleine Mahlzeiten, die besonders schmackhaft sein sollten, da mit zunehmendem Alter die Geruchs- und Geschmacksempfindungen und damit auch die Freßlust abnehmen. Blähende Nahrung oder gar Knochen sind zu vermeiden. Für alte Hunde ist es besonders wichtig, daß immer genügend frisches Trinkwasser bereitsteht.

Die Katze hat andere Bedürfnisse als der Hund

Die Katze hat gegenüber dem Hund und den meisten anderen Haustieren einige besondere Stoffwechseleigenschaften und daher auch ganz spezielle Anforderungen an die Zusammensetzung des Futters. Hundefutter ist also keineswegs für die Katze verwendbar.

Die Besonderheiten im Freßverhalten und im Stoffwechsel gehen bei den Samtpfoten auf ihre Vorfahren, die Wildkatze, zurück. Im Gegensatz zum Wolf und Hund sind Wild- und Hauskatzen keine Schlinger, sondern lassen sich beim Fressen Zeit. Wenn sie satt sind, bleibt der Rest der Beute einfach liegen. Die Katze legt nicht, wie der Hund das gerne macht, einen Futtervorrat an. Hat sie wieder Hunger, muß neue Beute, sprich frisches Futter her.

Aber eines hat die Samtpfote mit dem Hund gemeinsam: Auch sie legt nach der Mahlzeit gerne eine ausgiebige Ruhepause ein.

Die Katze hat im Vergleich zu anderen Tierarten den höchsten Bedarf an hochwertigem Eiweiß. Da die Beute von Wildkatzen immer Eiweiß im Überschuß enthielt, ist auch unsere Hauskatze noch genetisch auf ein besonders hohes Angebot an Eiweiß programmiert. Deshalb brauchen Katzen hauptsächlich hochwertiges Fleisch. Die Samtpfoten können zum Unterschied von anderen Tierarten bestimmte essentielle (lebensnotwendige) Aminosäuren (Eiweißbausteine) und bestimmte essentielle Fettsäuren nicht im eigenen Stoffwechsel herstellen. Sie sind auf deren Zufuhr durch die Nahrung angewiesen. Katzen können auch nicht den pflanzlichen Stoff Karotin in Vitamin A umwandeln, wie das andere Tiere und auch wir Menschen machen. Katzen muß also fertiges Vitamin A mit dem Futter zugeführt werden.

Eine weitere Besonderheit im Katzenorganismus ist auch, daß ihre Nieren die Fähigkeit haben, Harn in besonders konzentrierter Form herzustellen. Das heißt, der Harn ist bei der Katze wesentlich stärker eingedickt als beim Hund. Der Grund dafür liegt wieder in der «wilden» Vergangenheit. Schon aus klimatischen Gründen stand Wildkatzen nicht soviel Trinkwasser zur Verfügung. Der Organismus mußte daher mit dem in der Nahrung enthaltenen und im eigenen Stoffwechsel gebildeten Wasser auskommen, um die Giftstoffe auszuscheiden. Daher durfte auch beim Harnlassen nicht zuviel Wasser verlorengehen. Das ist der Grund, warum die meisten Katzen fast gar nichts trinken. Wenn man also bedenkt, daß Katzen mit dem in der Nahrung enthaltenen und dem Stoffwechsel gebildeten Wasser ihren Flüssigkeitsbedarf decken, wird einem klar, daß es nicht gleichgültig ist, wieviel Flüssigkeit das Katzenfutter enthält. Die gesamte Wasseraufnahme ist zum Beispiel bei Gabe von Trockenfutter trotz zusätzlichem Trinken im Verhältnis zu Feuchtfutter in Dosen um 50 Prozent verringert. Dies beweist, daß Katzen ein zu geringes Wasserangebot in der Nahrung nicht durch zusätzliches Trinken kompensieren können. Daher ist von ausschließlicher Trockennahrung dringend abzuraten. Denn der Wassermangel begünstigt das *Feline urologische Syndrom.* Der ohnehin schon konzentrierte Harn wird durch die Trockenfütterung noch mehr eingedickt, und es bilden sich Steine. Unabhängig von der Art der Nahrung muß stets auch frisches Trinkwasser bereitstehen.

Wie schon erwähnt, muß man Katzen auch essentielle Fettsäuren mit der Nahrung zuführen, während andere Tierarten diese selbst aus Linolsäure bilden können. Essentielle Fettsäuren sind Bestandteile von äußeren Zellschichten und daher für die Haut besonders wichtig. Mangel an diesen Fettsäuren macht das Fell stumpf und glanzlos, die Katze wird anfälliger für Haut- und Infektionskrankheiten. Essentielle Fettsäuren sind teilweise auch in tierischen und pflanzlichen Fetten enthalten.

Fette sind ebenso wie Eiweiß wichtige Energielieferanten. Katzen beziehen zwei Drittel ihrer Energie aus Fett und ein Drittel aus Eiweiß. Fette

sind auch deshalb wichtig, weil sie bei der Aufnahme von fettlöslichen Vitaminen (A, D, E, K) im Darm behilflich sind. Katzen nehmen tierische Fette sehr gern auf und verwerten sie auch sehr gut.
Der Eiweißbedarf ist bei Katzen wesentlich höher als bei anderen Tieren, ungefähr doppelt so hoch wie zum Beispiel beim Hund. Die Samtpfoten brauchen vor allem tierisches Eiweiß, da sie pflanzliches nicht so gut verwerten können. Viele Aminosäuren (Eiweißbestandteile) sind für das gesunde Wachstum von Katzen lebensnotwendig und müssen mit der Nahrung zugeführt werden. Wie etwa die Aminosäure Arginin. Arginin hilft im Organismus, das Stoffwechselprodukt Ammoniak in Harnstoff umzuwandeln, damit es ausgeschieden werden kann. Bei Arginin-Mangel kommt es zur Ammoniakvergiftung des Organismus. Dann werden die Tiere überaktiv, übermäßig schmerzempfindlich, erbrechen, Mund- und Lidbindehäute verfärben sich bläulich. Schließlich tritt Atemstillstand ein.
Sehr wichtig ist beispielsweise auch die essentielle Aminosäure Taurin. Ein totaler Mangel im Katzenfutter führt zu schwerwiegenden Folgen. Schon nach kurzer Zeit erblinden die Vierbeiner völlig. Auch der Herzmuskel erleidet durch Taurinmangel Schaden. Fertigfutter für Katzen enthält ausreichend Taurin. Hingegen ist in Fertigfutter für Hunde überhaupt kein Taurin enthalten, weil sie es für den Stoffwechsel nicht brauchen. Das ist zum Beispiel ein Grund, warum Hundefutter nicht für Katzen verwendet werden sollte, wie eingangs dieses Kapitels schon erwähnt. Stellt der Tierarzt Taurinmangel fest, kann dem Vierbeiner Taurinpaste (in Apotheken erhältlich) unter das Futter gemischt werden.
Kohlenhydrate waren in der natürlichen Nahrung der Katze früher nur in ganz geringen Mengen vorhanden (bis zu zwei Prozent). Zu den Kohlenhydraten gehören Zucker, Stärke und Zellulose. Milchzucker können erwachsene Katzen nicht mehr verwerten, weil das dafür erforderliche Ferment (Verdauungshilfsstoff) im Darm der Vierbeiner nur in den ersten Lebenswochen gebildet wird. Kuhmilch ist daher für Katzen ziemlich wertlos und führt meist zu Durchfällen. Es gibt ein neues Milchgetränk für Katzen im Handel, dem der Milchzucker zum Großteil entzogen wurde und das auch sehr gut vertragen wird. Traubenzucker in geringen Mengen vertragen sie aber gut.
Für die Aufzucht von Katzenbabys, deren Mutter als Nahrungsquelle aus irgendwelchen Gründen ausfällt, gibt es im Handel ein Muttermilcher-

satzpulver . *Katzenkinder* brauchen in den ersten zwei Lebenswochen mindestens sechs Mahlzeiten. Wenn sie kräftig genug sind, halten sie eine achtstündige Nachtpause durch. Schwächere Tiere brauchen acht Mahlzeiten, die Nachtpause soll dann nicht länger als sechs Stunden dauern. In der dritten Lebenswoche kann man auf vier Mahlzeiten umsteigen. Dann ist es auch an der Zeit, mit der Zufütterung anderer Nahrung zu beginnen. Sehr gut eignet sich Juniorkost in Dosen, aber auch frisches Faschiertes und gekochtes Hühnerfleisch. Wenn bereits zugefüttert wird, muß den Kätzchen auch immer frisches Trinkwasser zur Verfügung stehen. Nach etwa sechs Wochen können Sie die Katzenkinder an normale Kost gewöhnen und die Futtergaben langsam auf ein- bis zweimal täglich beschränken.

Pflanzliche Kohlenhydrate (Stärke) verdauen Samtpfoten nur dann, wenn sie vorbehandelt, sprich entweder gekocht oder feingemahlen sind. Zellulose (Rohfaser) ist zwar unverdaulich, regt aber als Ballaststoff die Darmtätigkeit an.

Füttert man Katzen zuviele Kohlenhydrate, werden sie unweigerlich dick. Denn Kohlenhydrate werden im Körper sofort als Speicherfett angesetzt. In diesem Sinn sollte es also jedem Tierbesitzer klar sein, keine Naschereien zwischendurch zu geben. Genau wie Hunde lieben auch Samtpfoten Süßigkeiten und verstehen es hervorragend, so herzzerreißend darum zu betteln, daß man leicht schwach wird. Lassen Sie sich trotzdem nicht erweichen und bedenken Sie, daß Süßigkeiten nicht nur dick machen, sondern auch Zahnstein und Kariesbildung fördern.

Spurenelemente und Mineralstoffe sind selbstverständlich auch für Katzen lebensnotwendig und müssen in ausgewogenem Verhältnis im Futter zur Verfügung stehen. Denn ein Zuviel an Mineralstoffen und Spurenelementen ist genauso schädlich für den Organismus wie zuwenig. Besonders wichtig ist das richtige Verhältnis von Kalzium und Phosphor. Es sollte 1,1:1 betragen, also etwas mehr Kalzium als Phosphor. Nur dann entwickeln bzw. behalten die Knochen die richtige Festigkeit. Wird einseitig nur mit Fleisch ohne Fette gefüttert, bekommt der Organismus zuviel Phosphor und wehrt sich dagegen, indem er Knochengewebe abbaut, um dadurch Kalzium freizusetzen und das Phosphor-Kalzium-Verhältnis wieder auszugleichen. Die Knochen werden weich, was zu Deformationen, Bewegungsstörungen und spontanen Knochenbrüchen führt.

Zuwenig Magnesium schwächt die Muskeln und führt zu Krämpfen. Ein Überschuß an Magnesium begünstigt wiederum die Bildung von Steinen (Struvitkristalle) in den Harnwegen und das gefürchtete Feline urologische Syndrom, das ausführlich im Kapitel Harnwegserkrankungen besprochen wird. Beim Tierarzt bekommen Sie magnesiumarme Fertigdiätnahrung, die auch stärkeres Durstgefühl bewirkt. Dadurch trinkt die Katze mehr und spült die Harnwege besser durch.

Nicht zuletzt darf auf Vitamine nicht vergessen werden, die ebenfalls in ausreichender Menge in der Nahrung enthalten sein müssen, jedoch auch mit Maß und Ziel. Denn gerade bei der Katze gibt es eine gefährliche Vitaminüberschuß-Erkrankung, die *Vitamin-A-Hypervitaminose*. Da Katzen pflanzliches Karotin (die Vorstufe von Vitamin A) gar nicht in Vitamin A umwandeln können, sind sie auf die Zufuhr von fertigem Vitamin A angewiesen. Leber und auch Milch enthalten sehr viel davon. Und weil Katzen vor allem Leber besonders lieben und diese allgemein als sehr gesund eingestuft wird, glauben noch immer viele Tierbesitzer, ihrem Liebling etwas Gutes zu tun, wenn sie ausschließlich Leber füttern. Außerdem lehnen viele Katzen anderes Futter ab, wenn sie einmal an Leber gewöhnt sind. Das kann fatale Folgen haben. Werden der Katze nämlich mehr als etwa 15 Dekagramm Leber wöchentlich serviert, erhält der Organismus viel zuviel Vitamin A. Innerhalb weniger Monate verändert sich das Skelett. Es bilden sich Knochenauflagerungen an Hals- und Brustwirbelsäule, die stark schmerzen. Bewegungsstörungen, manchmal sogar Lähmungserscheinungen der Vorderextremitäten, treten auf. In diesem späten Stadium nützt auch eine radikale Futterumstellung nichts mehr. Die Veränderungen am Knochengerüst lassen sich nicht mehr rückgängig machen. Achten Sie also rechtzeitig darauf, daß Ihr Hausgenosse nicht zuviel Leber frißt, auch wenn er gegen anderes Futter protestiert und vielleicht sogar kurzfristig die Nahrungsaufnahme verweigert.

Zu *Fettsucht* neigten Katzen ursprünglich weniger, weil die Futtersuche bei der Urform der Katzen anders ablief als etwa beim Hund. Wie oben erwähnt, schlingen sie nicht und legen auch keine Futtervorräte an. Tierbesitzer wollen ihre Hausgenossen aber oft zum Auffressen erziehen. Tun Sie das nicht. Katzen lassen aus ihrem ursprünglichen Instinkt heraus Futterreste liegen. Was die Samtpfoten nicht fressen, sollten Sie

unbedingt wegräumen und beim nächsten Mal dafür etwas weniger reichen. Katzen machen im Alter meist auch zuwenig Bewegung. Spielzeug (Fellmäuse) und ein großer Kratzbaum sind für ein paar «gymnastische» Übungen bestens geeignet. Kratzbäume können Sie auch selbst herstellen. Dazu füllen Sie am besten Zement in ein großes Gefäß und stecken einen möglichst großen Stamm mit Querästenhinein.
Ist Ihr Liebling trotzdem zu dick, reduzieren Sie die Futterrationen um ein Drittel. Wenn er zu sehr bettelt, können Sie ihm auch ballaststoffreiche Abnehmdiät vorsetzen. Dann fühlt sich die Katze satt und bettelt nicht mehr. (Ballaststoffe sind nicht verwertbar, verringern die Aufnahme der restlichen Ernährungsbestandteile und regen die Darmtätigkeit an.) Vitamine, Mineralstoffe, Spurenelemente und Fettsäuren sind aber trotzdem genügend enthalten.
Das normale Durchschnittsgewicht einer weiblichen Hauskatze liegt bei zweieinhalb bis dreieinhalb Kilo, ein Kater darf drei- bis viereinhalb Kilo schwer sein. Ab sechs Kilo Körpergewicht sind Katzen als fett zu bezeichnen.
Noch einige Hinweise: Katzen vertragen Zwiebeln schlecht (diese bewirken den Zerfall der roten Blutkörperchen, die Tiere werden apathisch und schwach, Lidbindehäute und Schleimhäute färben sich bläulich). Geben Sie ihr also keine Reste von Zwiebelsuppe oder andere Zwiebelspeisen!
Kakao wirkt beim Menschen stopfend. Versuchen Sie bitte nicht, mit Kakao auch Durchfall von Katzen zu behandeln. Für sie ist der Wirkstoff Theobromin im Kakao unverträglich. Der Durchfall verschlimmert sich und führt zum Kreislaufkollaps, was nicht selten mit dem Tod endet.
Für die *Ernährung bei Zuckerkrankheit, Erkrankungen der Nieren und des Verdauungstraktes* und die *Fütterung alter Katzen* gilt das bereits beim Hund Gesagte.

4

Ohrenerkrankungen

Wie das Menschenohr besteht auch das Hundeohr aus vier Teilen: Ohrmuschel, äußerer Gehörgang, Mittelohr und Innenohr. Die Grenze zwischen äußerem Gehörgang und Mittelohr bildet das Trommelfell. Zuerst die wichtigsten Erkrankungen der Ohrmuschel.

Das Blutohr

Besonders häufig kommt es bei Hunden mit Hängeohren vor, aber auch Stehohren bleiben nicht davor verschont: das Blutohr oder Othämatom. Es handelt sich dabei um einen Bluterguß zwischen Ohrknorpel und Haut. Wenn die Vierbeiner ihre Ohren schütteln und dabei mit der Ohrmuschel gegen kantige Gegenstände wie Sessel oder Tischbeine schlagen, können Blutgefäße zerreißen und einen Bluterguß bilden. Betroffene Tiere machen einen traurigen Eindruck: Am schiefgehaltenen Kopf steht das Ohr seitlich ab, die oft faustgroße Ohrmuschel sieht wie aufgeblasen aus und fühlt sich wie ein Luftballon an.
Das Blutohr ist zwar nicht gefährlich, aber für den vierbeinigen Liebling sehr unangenehm. Ohne Behandlung bleibt das Ohr deformiert und zieht sich zusammen wie ein schrumpeliger Apfel. Deshalb sollten Sie den Hausgenossen unbedingt zum Tierarzt bringen. Er schneidet das Ohr auf, räumt den Bluterguß aus und näht Haut und Ohrknorpel wieder zusammen. Dann klappt er das Ohr hoch und klebt es am Kopf fest, damit der Heilungsprozeß durch neuerliches Schütteln nicht gestört wird. Der Grund für das Schütteln der Ohren sind meist juckende oder schmerzende Entzündungen im äußeren Gehörgang.

Dieses Grundübel muß der Tierarzt gemeinsam mit dem Blutohr behandeln.

Haarlosigkeit der Ohrmuschel

Dackel- und Chihuahuabesitzer wundern sich oft über die nackten Lederohren ihrer Gefährten. Die Ursache dafür ist zwar nicht bekannt, aber wir können beruhigen: Es dürfte sich um eine vererbte Störung handeln, die aber völlig harmlos ist. Behandlung gibt es dagegen keine. Das vollständige Bild eines Lederohrs entwickelt sich beim Hund allmählich innerhalb von mehreren Jahren und bleibt dann lebenslang bestehen. Die Siamkatze ist die einzige Katzenrasse, bei der das Bild der vollständigen Haarlosigkeit der Ohrmuschel auch gefunden wird. Im Gegensatz zum Dackel entwickelt es sich bei ihr schnell innerhalb weniger Monate. Außerdem ist die Haarlosigkeit der Ohrmuschel bei der Siamkatze reversibel, das heißt, daß die Haare in wenigen Monaten spontan wieder nachwachsen können.

Erkrankungen des äußeren Gehörganges

«Ohrenzwang» oder «Ohrwurm» heißt es im Volksmund, wenn der Vierbeiner aus dem Gehörgang schlecht riecht und ein unangenehmes Gefühl in den Ohren mit Kopfschütteln und Kratzen am Ohr loswerden will. Die Ursache für Ohrenschmerzen kann sehr unterschiedlich sein und muß vom Tierarzt dementsprechend behandelt werden. Am häufigsten sind Zugluft, Fremdkörper und Räudemilben schuld an Gehörgangserkrankungen.

Zugluft: Vor allem im Sommer ist es eine weitverbreitete Unsitte, daß Tierbesitzer beim Autofahren das Fenster weit öffnen und ihr Hund den Kopf hinausstreckt und sich den Wind um die Ohren blasen läßt. Dies sieht zwar recht lustig aus, doch der Vierbeiner bezahlt in den meisten Fällen mit einer schmerzhaften Ohrenentzündung.

Fremdkörper: Was gibt es Schöneres für den Vierbeiner, als sich auf einer Sommerwiese so richtig ausgelassen im Gras zu wälzen. Da kann es natürlich vorkommen, daß Grasähren oder etwa eine Granne – im Volksmund «Schliefhansl» genannt – in der Ohrmuschel hängenbleiben. Dringen sie in den Gehörgang ein, versucht das Tier, sie durch Schütteln wieder herauszubeuteln. Was ihm nicht gelingt, weil die Granne mit der Spitze in der Haut verkeilt ist. Die Vierbeiner halten den Kopf schief, winseln und kratzen am Ohr.

Was können Sie nun tun? Ist die Grannenspitze noch sichtbar, versuchen Sie, diese vorsichtig herauszuziehen. Wenn die Granne schon in der Tiefe des Gehörgangs verschwunden ist, sollten Sie keinesfalls mit einem Wattestäbchen probieren, den Fremdkörper herauszuholen, da die Granne sonst nur noch weiter in die Tiefe gedrückt wird. Dann kann nur noch der Tierarzt mit einem Ohrenspiegel und einer Spezialzange helfen. Wird der Fremdkörper nicht entfernt, kommt es zu schmerzhaften, eitrigen Gehörgangsentzündungen.

Räudemilben: Die Ohrräude wird bei Hund und Katze durch die Milbenart Otodectes cynotis verursacht. Es sind mikroskopisch kleine Tierchen, die im Gehörgang herumkrabbeln und furchtbaren Juckreiz verursachen. Geplagte Hunde und Katzen schütteln den Kopf, scheuern mit den Ohren am Boden und an harten Gegenständen und kratzen sich dauernd. In weiterer Folge entzündet sich der Gehörgang und füllt sich schließlich mit einem dunklen, fast schwarzen Sekret, das unangenehm riecht. In schweren Fällen kann es sogar zum Durchbruch des Trommelfells kommen, und die Tiere werden taub.

Wichtig: Ohrräude kann von Katzen auf Hunde und umgekehrt übertragen werden. Wenn Sie also Hund und Katze im gemeinsamen Haushalt haben, müssen unbedingt beide Vierbeiner behandelt und die Schlaflager mit milbentötenden Mitteln gereinigt werden, auch wenn Sie bei der Katze keine Anzeichen merken. Denn Katzen sind oft nur symptomlose Milbenträger. Das heißt, sie erkranken zwar nicht selbst, können aber trotzdem andere Tiere anstecken. Wenn sie jedoch erkranken und nicht behandelt werden, kann dies sogar Gleichgewichtsstörungen und epileptische Anfälle zur Folge haben.

Ganz allgemein kann man sagen, daß einige Faktoren die Neigung zu Erkrankungen des äußeren Gehörgangs verstärken: wie etwa Eindringen von Wasser beim Schwimmen, starke Behaarung des Gehörganges (z. B. Pudel, Kerry Blue, Terrier), lange, tief angesetzte Hängeohren wie bei Basset und Spaniel oder sehr enge Gehörgangsöffnung.

Damit Entzündungen wirklich ausheilen, müssen Sie sich auf eine längere, konsequente Behandlung beim Tierarzt einstellen. Zuerst entfernt

der Tierarzt behutsam die Sekretmassen aus dem Ohr; damit entzieht er den Parasiten den Nährboden. Dann trägt er milbentötende und entzündungshemmende Mittel auf. Die Antiparasiten-Präparate bringen keinen sofortigen Erfolg, sondern müssen über einen längeren Zeitraum regelmäßig angewendet werden. Wenn Sie zu kurz oder in zu großen Intervallen behandeln, ist mit großer Wahrscheinlichkeit mit einem Rückfall zu rechnen. Auch ist die geschädigte Schleimhaut des Gehörganges für weitere Infektionen anfällig. Daher sollten Sie gerade geheilte Vierbeiner von noch kranken fern halten!
Leider kommt es bei einigen Tieren trotz gründlicher Behandlung immer wieder zu Rückfällen. Daran ist meist eine zu enge Öffnung des Gehörgangs nach außen schuld. Dann muß der Tierarzt den Gehörgang chirurgisch etwas erweitern, damit bessere Luftzufuhr weiteren Entzündungen vorbeugt.

Riß im Trommelfell

Dieser kann entweder durch Fremdkörper entstehen, die das Trommelfell durchbohren, aber auch durch chronische Entzündungen des äußeren Gehörgangs, die das Trommelfell durchbrechen. Wenn die Ursache behandelt wird, verheilen Verletzungen des Trommelfells meist spontan.

Erkrankungen des Mittelohres

Mittelohrentzündungen sind bei Hunden und Katzen eher selten. Sie erkennen diese an Fieber, Schmerzen beim Berühren und Schiefhalten des Kopfes zur schmerzhaften Seite hin. Eine Mittelohrentzündung kann verschiedene Ursachen haben: Nicht behandelte, verschlampte Entzündungen des äußeren Gehörganges, die durch das Trommelfell brechen.
Infektionen, die durch den Rachen aufsteigen, oft in Verbindung mit einer Mandelentzündung.
Im Zuge einer Allgemeininfektion werden die Erreger über das Blut transportiert und befallen das Mittelohr.
Alle beschriebenen Ohrenerkrankungen betreffen Hund und Katze. Eine Erkrankung der Ohrmuschel gibt es nur bei der Katze; das *Ohrrandgeschwür*. Wenn sich die Katze während einer Gehörgangsentzündung

oder nach Beißereien mit anderen Katzen ständig an den Ohren kratzt, bildet sich am Ohrmuschelrand eine geschwürartig zerfallende Verletzung. Die Ohrmuschel muß durch einen Verband ruhiggestellt werden, damit sie wieder heilen kann. In besonders hartnäckigen Fällen wird der Tierarzt die erkrankte Stelle chirurgisch entfernen.

Abschließend noch ein Rat, den Sie sich zu Herzen nehmen sollten: Ein gesunder Gehörgang braucht nicht gereinigt zu werden, das tut er selbst! Durch das Herumstochern mit Wattestäbchen wird die empfindliche Gehörgangsauskleidung gereizt, was erst recht zu Entzündungen führen kann. Und ein krankes Ohr gehört immer in ärztliche Behandlung.

5

Augenkrankheiten

Die Erlebniswelt von Hund und Katze wird stärker von Gerüchen und Geräuschen als von optischen Eindrücken bestimmt. Vor allem für den Hund ist die Nase das wichtigste Sinnesorgan, mit dem er sich in seiner Umwelt orientiert. Trotzdem sind natürlich auch die Augen ein sehr wichtiges Organ für unsere Vierbeiner, durch deren Veränderung der Tierarzt auf verschiedene Allgemeinerkrankungen oder innere Krankheiten schließen kann. Und nicht zuletzt spiegelt der Augenausdruck die unterschiedlichsten Gefühle und Empfindungen von Hund und Katze wider.
Hunde- und Katzenbabys kommen mit geschlossenen Augen zur Welt. Erst nach acht bis 14 Tagen öffnen sich die Lidspalten.

Augeninfektionen

Gar nicht so selten leiden schon Welpen an Augeninfektionen. Sie erkennen das daran, daß die Tiere die Lider nur schwach öffnen können, weil diese durch eitriges Sekret verklebt sind. Bringen die Hunde- und Katzenkinder dann nach mehrmaligem Bemühen die Lider endlich auf, quillt meist massenhaft Eiter zwischen den Lidern heraus. Neugeborene Welpen haben sich oft schon im Geburtskanal infiziert. Solche Infektionen muß man ernst nehmen. Werden sie nicht behandelt, können die Tiere erblinden. Der Tierarzt verordnet die entsprechenden Antibiotika, die die Infektion rasch zum Abklingen bringen.

Bindehautentzündung

Der wohl häufigste Grund, warum Tierbesitzer ihre Lieblinge zur Augenbehandlung zum Arzt bringen, ist die Bindehautentzündung. Typische Anzeichen: gerötete Augen, wässriger oder eitriger Augenausfluß und Lichtempfindlichkeit (die Vierbeiner kneifen bei starkem Lichteinfall eines oder beide Augen zusammen). Die Ursachen für Bindehautentzündung können vielschichtig sein: Zum Beispiel Infektionskrankheiten wie Staupe oder Katzenseuche, oder aber Zugluft. Ein Fremdkörper im Fluge könnte ins Auge geraten sein, oder vielleicht wachsen Wimpern am inneren Lidrand einwärts; auch eine Fehlbildung der Augenlider (Rollid nach innen oder außen) kann schuld sein.

Bindehautentzündung durch *Zugluft* ist ein typisches Sommerproblem. Die im Auto schwitzenden Tierbesitzer nehmen leider viel zuwenig Rücksicht auf ihre vierbeinigen Mitfahrer und öffnen die Wagenfenster. Egal, ob der Fahrtwind durch das Geflecht des Katzenkorbes bläst, oder ob der Hund den Kopf durch das offene Fenster streckt und sich den Fahrtwind um die Ohren blasen läßt, das Ergebnis ist das gleiche: Eine heftige Bindehautentzündung. Auch ins Auge geratene *Fremdkörper* im Fluge wie Sand, Härchen, Grannen von Gräsern usw. verursachen Bindehautreizungen und Entzündungen. Hinweis für einen Fremdkörper im Auge: Ein Auge tränt plötzlich heftig und ist gereizt. Sie können versuchen, den Fremdkörper vorsichtig mit fließendem Wasser herauszuspülen. Gelingt dies nicht, muß ihn der Tierarzt entfernen.

Einwärtswachsen von Wimpern am inneren Lidrand und Einwärtsdrehung von Wimpern ist oft rassebedingt bei Pekinesen, Maltesern, Zwergpudel, Dackel und Spaniel Ursache von Bindehautentzündung. Der Tierarzt hat die Möglichkeit, die Wimpernwurzeln elektrisch zu zerstören oder regelmäßig mit Hilfe einer Lupe auszuzupfen.

Das *Rollid nach innen oder außen* ist auf eine Fehlbildung der Augenlider zurückzuführen und oft Ursache für chronische Bindehautentzündungen. Beim nach innen gerollten Lid scheuert der nach innen gedrehte Lidrand an der inneren Lidbindehaut und erzeugt einen chronischen Reiz, der außer zu Bindehautentzündung in manchen Fällen auch zur Entzündung der Hornhaut führt. Die einzige mögliche Therapie ist die chirurgische Abtragung des nach innen gerollten Lidstreifens. Unter

nach innen gerollten Lidern leiden oft Airedaleterrier und Chow-Chows, sowie gelegentlich Perserkatzen.
Beim Rollid nach außen ist der Lidrand stark nach auswärts gedreht. Das Unterlid hängt förmlich herunter. Dadurch ist die Bindehaut freigelegt und ständig äußeren Reizen ausgesetzt. Leidtragende sind meist Bassets, Bernhardiner und Spaniel. Auch hier muß als einzig wirkungsvolle Behandlung operiert werden.
Unkastrierte, rauffreudige Kater tragen oft Verletzungen in der Umgebung der Augen davon, die sich leicht mit Bakterien infizieren können. Daraus können Abszesse entstehen, die sich einen Abfluß in den Bindehautsack bahnen. In den meisten Fällen ist nur ein Auge betroffen. Der Eiter quillt dann wie bei einer eitrigen Bindehautentzündung zwischen den Lidern hervor. Oft haben die Tiere auch Fieber. Dann muß der Tierarzt eingreifen. Er verabreicht Antibiotika und muß oft auch das Abszeß chirurgisch öffnen, damit der Eiter abfließt.
Die Bindehautentzündung kann aber auch *allergisch* bedingt sein. Die Ursachen dafür sind genauso vielfältig wie beim Menschen. Typisch für allergisch bedingte Bindehautentzündung ist heftiger Juckreiz. Das Tier reibt dann dauernd mit den Pfoten über die Augen oder mit dem Kopf auf dem Boden oder anderen Gegenständen. Die Augen sind stark gerötet und tränen. Sind Infektionskrankheiten (z. B. Staupe oder Katzenseuche) die Verursacher der Bindehautentzündung, so sind auch Eiterbildung und Fieber zu beobachten.
Besonders unangenehm und hartnäckig ist die Bindehautentzündung in Form des *Follikularkatarrhs.* Vor allem Tierkinder leiden häufig darunter. Es bilden sich Bläschen an der Bindehaut. Stark betroffen ist meist das dritte Augenlid. Hunde und Katzen besitzen nämlich zusätzlich zum Ober- und Unterlid auch noch ein drittes Augenlid, die sogenannte Nickhaut. Diese dient als Schutz und bedeckt in geschlossenem Zustand vom inneren Augenwinkel her etwa zwei Drittel der Hornhautfläche. Bei geöffneten Augen ist sie kaum sichtbar.
Beim Follikularkatarrh ist vor allem die innere Fläche des dritten Augenlides von glasigen Knötchen und Bläschen bedeckt. Die Reibung dieser Knötchen an der Hornhaut schmerzt, und schließlich kommt es zum Vorfall des dritten Augenlides. Als Therapie bleibt dem Tierarzt oft nur, die veränderte Bindehaut auszukratzen.

Der Nickhautvorfall

Nickhautvorfall kann manchmal angeboren sein, besonders bei großen Hunderassen wie Doggen und Dobermann. Die Nickhaut, die normalerweise bei geschlossenen Augen zwei Drittel der Hornhaut abdeckt, bedeckt das Auge in diesem Fall auch, wenn es geöffnet ist. Dies irritiert die Vierbeiner beim Sehen. Aus diesem und auch aus kosmetischen Gründen ist daher die chirurgische Entfernung der Nickhaut angebracht. Bei Katzen fällt die Nickhaut manchmal nach Einnahme von bestimmten Beruhigungsmitteln und bei Vergiftungen vor. Es kann aber auch das erste Anzeichen für eine beginnende Infektionskrankheit sein. Selten wird Nickhautvorfall auch durch eine Geschwulst der Gehirnhaut ausgelöst werden. Es ist natürlich Sache des Tierarztes, die Ursache abzuklären. Wird das Grundleiden behandelt, behebt man auch den Nickhautvorfall.

Vergrößerung (Hyperplasie) der Nickhautdrüse

Es handelt sich dabei um eine starke Vergrößerung der Nickhautdrüse, die sich dann unter dem dritten Augenlid hervorwölbt und als rotes, kugelförmiges Gebilde im Augenwinkel sichtbar wird. Dieses Leiden tritt relativ häufig auf. Das Auge kann dadurch auch heftig tränen. Abhilfe schafft der Tierarzt, indem er die Nickhautdrüse operativ entfernt.

Das Trockene Auge

Wird zuwenig Tränenflüssigkeit produziert, kommt es zum Trockenen Auge, auch Trockene Entzündung der Bindehaut und Hornhaut genannt. Katzen sind selten davon betroffen (bei Burmakatzen ist das Trockene Auge manchmal angeboren), um so häufiger jedoch bei Hunden. Durch den fehlenden Tränenfilm, der das Auge schützen soll, trocknen Binde- und Hornhaut aus, was zu chronischen Entzündungen führt. Die Hornhaut glänzt dann nicht mehr. In der Hornhaut, auf der man normalerweise keine Blutgefäße sieht, kann man deutlich die entzündlich bedingten Gefäßeinsprossungen sehen. Schreitet die Krankheit fort, rötet sich die Hornhaut immer stärker, bis sich schließlich sogar Pigmente

(Farbstoffe) einlagern. Schleimfäden ziehen sich über die Hornhaut. Durch schleimig-eitrigen Augenausfluß verkrusten die Augenwinkel.
Der geringe Tränenfilm erschwert den Lidschlag. Es entsteht ein Reibegefühl, als wären Sandkörner im Auge. Die vierbeinigen Patienten versuchen dann, dieses unangenehme Gefühl loszuwerden, indem sie mit den Pfoten über die Augen fahren.
Lassen Sie Ihren Liebling in so einem Fall rasch vom Tierarzt untersuchen. Die präzise Diagnose ist äußerst wichtig, weil ein nicht erkanntes Trockenes Auge zur Erblindung führt! Tierärzten steht ein einfacher Papierstreifentest zur Bestimmung der produzierten Tränenmenge zur Verfügung.
Die Behandlung des Trockenen Auges richtet sich nach dem Schweregrad. In leichteren Fällen reicht es, wenn man die Tränenflüssigkeit durch speziell dafür bestimmte Augentropfen ersetzt (man muß sie mehrmals täglich anwenden). Bei stark eitrigen Formen müssen zusätzlich Antibiotika eingesetzt werden. In Fällen, in denen überhaupt keine Tränenflüssigkeit mehr produziert wird, besteht die Möglichkeit, durch eine Operation den Ohrspeicheldrüsengang ins Auge zu verlegen und auf diese Weise das Auge wieder feucht zu halten.

Entzündungen und Geschwüre der Hornhaut

Geschwüre und Entzündungen der Hornhaut kommen bei Hund und Katze gleichermaßen häufig vor. Auffallend sind dabei die Glanzlosigkeit und Trübung der Hornhaut. Meist sind auch rundlich ausgeprägte Hornhautdefekte zu erkennen. Die Tiere sind sehr lichtscheu. Die gesunde Hornhaut hingegen ist glatt, glänzend und durchsichtig und reagiert auf Reize aller Art.
Bei Hunden gibt es einige rassenspezifische, vererbbare Formen der Hornhautentzündung, lateinisch Keratitis genannt. Es sind dies die Dackelkeratitis, die Boxerkeratitis und die Schäferkeratitis.
Die *Dackelkeratitis* tritt hauptsächlich bei Langhaardackeln, seltener bei Kurz- und Rauhhaardackeln auf. Die Tiere erkranken vor allem zwischen dem zweiten und fünften Lebensjahr. Als Ursache nimmt man eine Autoimmunkrankheit an (der Organismus bekämpft nicht nur Eindringlinge wie Bakterien und Viren, sondern richtet seine Abwehr auch

gegen körpereigene Stoffe). Auch Herpes-Viren als Verursacher werden nicht ausgeschlossen.
Meist werden beide Augen befallen. Die Hunde sind dann sehr lichtscheu, blinzeln ständig und halten die Lider nach Möglichkeit geschlossen. Die Bindehaut ist stark entzündet, und die Augen tränen. Je nachdem, wie weit die Krankheit fortgeschritten ist, treten folgende Hornhautveränderungen auf: Anfangs punktförmige Trübungen, dann Geschwüre, Blutgefäßeinsprossungen (starke Rötung), Farbeinlagerungen, und schließlich verliert die Hornhaut ihre Durchsichtigkeit. Die Dackelkeratitis so früh wie möglich zu behandeln ist deshalb so wichtig, weil die Hornhautgeschwüre ins Augeninnere durchbrechen und schwere Schäden am Auge entstehen können.
Die *Boxerkeratitis* tritt spontan im Alter von fünf bis acht Jahren auf. Meist ist nur ein Auge betroffen. Es handelt sich dabei um eine chronische Entzündung der oberflächlichen Hornhautschicht mit Bildung von Geschwüren und teilweiser Loslösung der oberen Schicht – ein langwieriger Prozeß, der in der Mitte der Hornhaut beginnt und im Anfangsstadium mit freiem Auge nicht erkennbar ist. Erstes Zeichen, das auch der Besitzer merkt, ist ein milchig getrübter Fleck auf der Hornhaut, der dem Tier offensichtlich Schmerzen bereitet, weil es immer wieder mit der Pfote über das betroffene Auge fährt. Dies verschlimmert natürlich das Krankheitsbild. Schließlich löst sich unter argen Schmerzen das Hornhautgewebe ab.
Die Behandlung der Boxerkeratitis ist sehr mühsam und dauert oft Monate. Der Tierarzt entfernt das losgelöste Hornhautgewebe, verschiedene Augentropfen und Augensalben müssen regelmäßig über einen längeren Zeitraum verabreicht werden. Trotz der aufwendigen Behandlung und deutlicher Besserung ist jedoch ein Rückfall möglich.
Die Boxerkeratitis kann auch noch bei anderen kurznasigen Rassen wie Pekinese, Mops und Französischer Bulldogge auftreten.
Die *Schäferhunde-Keratitis* tritt meist im Alter ab drei Jahren auf und befällt oft auch Collies und Bernhardiner. Das Leiden beginnt in beiden schläfenseitig gelegenen Augenwinkeln mit Pigmentierung (Farbeinlagerung) der Bindehaut und grauweißer Trübung der Hornhaut. Schließlich lagern sich auch Pigmente in die Hornhaut ein, und rote, entzündliche Gewebswucherungen beeinträchtigen das Sehen. Die Neigung zu dieser

Erkrankung wird vererbt. Es handelt sich um eine Autoimmunerkrankung (siehe Dackelkeratitis). Man kann die Schäferhunde-Keratitis recht gut mit Augensalben in den Griff bekommen. Allerdings muß die Behandlung das ganze Hundeleben lang erfolgen.
Ein typisches Augenleiden bei Siam- und Perserkatzen jeder Altersstufe ist die sogenannte *Herdförmige Hornhautnekrose.* Dabei sterben in bestimmten Gebieten Hornhautzellen herdförmig ab. Die betroffenen Stellen verfärben sich dann dunkelbraun bis schwarz.
Bei allen *Erkrankungen der Bindehaut und Hornhaut* ist es unerläßlich, daß Sie zu Hause dem vierbeinigen Patienten Augentropfen oder Augensalben nach Vorschrift des Arztes regelmäßig verabreichen. Viele Tierbesitzer schrecken davor zurück, selbst Hand anzulegen. Keine Angst, es ist gar nicht so schwierig, wie Sie vielleicht glauben. Mit einer Hand ziehen Sie das Unterlid etwas herunter, mit der anderen Hand lassen Sie die vorgeschriebene Menge der Augentropfen in den Bindehautsack fallen. (Es macht nichts, wenn ein Teil der Tropfen überläuft, das ist ganz normal und bei der Dosisangabe schon berücksichtigt.) Auf die gleiche Weise verfahren Sie mit der Salbe, indem Sie einen Strang davon in den Bindehautsack drücken. Nur daß Sie dann zusätzlich noch das Oberlid darüberziehen müssen, damit sich die Salbe gut verteilt. Ihr Hausgenosse gewöhnt sich sehr schnell an diese Prozedur und wird sie bald willig über sich ergehen lassen.

Grüner Star (Glaukom)

An Grünem Star erkranken sowohl Hunde als auch Katzen. Er entsteht durch eine Störung im Abflußsystem des Auges, wodurch sich der Augeninnendruck erhöht. Der Augapfel vergrößert sich, und die gesamte Augenoberfläche ist getrübt, was sehr rasch zu völliger Erblindung führt.
In den meisten Fällen ist das Glaukom Folge einer anderen vorangegangenen oder bestehenden Krankheit, etwa Erkrankungen der Linse (Linsenverlagerung oder Tumoren im Auge). Bei Katzen sind oft die Feline infektiöse Peritonitis (FIP) und die Leukose Auslöser. Bei diesen beiden Leiden werden nämlich entzündungsbedingte Absonderungen in der vorderen Augenkammer abgelagert, die den natürlichen Abfluß des Kammerwassers erschweren oder blockieren. Besonders die Leukose be-

wirkt vielfältige Veränderungen und Verwachsungen an den Augen, die die Entstehung des Grünen Stars begünstigen.
Das Ziel der Glaukomtherapie ist, den Augeninnendruck zu senken. Die Behandlung reicht von verschiedenen Medikamenten bis zur Operation. Durch einen kleinen chirurgischen Eingriff schafft der Tierarzt eine Abflußmöglichkeit für das Kammerwasser. Bei bestehender Grundkrankheit muß natürlich diese in erster Linie beseitigt werden.

Linsenschlottern

Diese vererbbare Erkrankung der Augenlinse macht oft Jagd- und Foxterriern zu schaffen und kann auch zum Grünen Star führen. Linsenschlottern wird durch eine Schwäche des Aufhängeapparates der Linse hervorgerufen. Weil sich dadurch die Linse ständig beidseitig verlagert, kommt es zu einer Erhöhung des Augeninnendruckes und somit zum Grünen Star. Die Hunde erblinden dann sehr rasch. Deshalb sollte man verlagerte Linsen operativ entfernen lassen.

Der graue Star (Katarakt)

Eine sehr bekannte und bei Hunden weit verbreitete Augenerkrankung ist der Graue Star (Katzen sind seltener davon betroffen). Es handelt sich dabei um eine Trübung und Formveränderung der Linse. Der Altersstar ist die häufigste Form, die man bei Hunden ab dem achten Lebensjahr und bei sehr alten Katzen findet. Die Ursache sind also altersbedingte Veränderungen der Linse. Die milchig-weiße Trübung schreitet jedoch so langsam fort, daß es Jahre dauert, bis die Sehkraft wirklich erloschen ist.
Eine andere Ursache für Grauen Star kann eine bestehende Zuckerkrankheit sein. Da die Vierbeiner bei Zuckerkrankheit unter großem Durst leiden, ist gleichzeitiges Auftreten von vermehrtem Trinken und Linsentrübung immer ein Hinweis auf Zuckerkrankheit. Dieser *Diabetische Star* entsteht sehr schnell und bricht oft innerhalb weniger Tage voll aus. Die Vierbeiner sind dann völlig blind!
Auch durch Fremdkörper oder sogenannte Traumen (Verletzungen nach Autounfällen oder Schlägen) können die Linsenfasern geschädigt werden, was in weiterer Folge zu Grauem Star führt.

Grauer Star kann in seltenen Fällen auch angeboren sein. Dann erkennt man die Linsentrübung schon bei den Welpen.
Behandeln kann man den Grauen Star eigentlich nur durch Entfernung der Linse. Der Eingriff soll jedoch erst dann gemacht werden, wenn der Graue Star reif ist. Das heißt, die Linse muß völlig eingetrübt sein. Es sollte jedoch vor der Operation darauf geachtet werden, ob das Tier noch lichtempfindlich ist. Denn gleichzeitig mit dem Grauen Star treten nämlich oft Erkrankungen der Netzhaut auf, die ebenfalls das Augenlicht kosten. In so einem Fall wäre die Staroperation dann sinnlos. Der vierbeinige Patient bliebe trotzdem blind.
Auch bei sehr alten und nicht mehr gesunden Tieren sollte auf die Staroperation verzichtet werden. Dann steht vor allem beim Hund das Risiko des Eingriffs in keinem Verhältnis zur Notwendigkeit. Denn man kann sagen, daß die Blindheit beim Hund mit dem Verlust des Riechvermögens beim alten Menschen vergleichbar ist. Die Erlebniswelt wird ja, wie eingangs des Kapitels Augen erwähnt, vor allem durch Geräusche und Gerüche geprägt und erst in zweiter Linie durch das Sehen.
Sprechen die Bedingungen jedoch für eine Operation, so können Sie damit rechnen, daß der Vierbeiner ungefähr ein bis drei Wochen nach dem Eingriff schon wieder Stiegen, Sessel und Tischbeine – also große Hindernisse – erkennt. Kleine Gegenstände kann er jedoch nur noch schwer wahrnehmen, weil ja bei der Operation die getrübte Linse entfernt wird und die Anpassung des Auges an verschiedene Gegebenheiten nicht mehr möglich ist. Inzwischen werden aber schon in Spezialkliniken Kunstlinsen verpflanzt. Leider ist das Verfahren jedoch noch nicht so ausgereift wie beim Menschen.

Netzhaut-Erkrankungen

Die Netzhaut, auch Retina genannt, liegt im Augenhintergrund und enthält die für das Sehen verantwortlichen Sinneszellen. Die zäpfchenförmigen sind für das Sehen bei Tag und für das Farbsehen zuständig. Die Stäbchen ermöglichen Nacht- und Schwarz-Weiß-Sehen. Katzen können Farben wesentlich besser sehen als Hunde. Aber auch Hunde sind keineswegs farbenblind. Ungefähr in der Mitte der Netzhaut entspringt der Sehnerv, der die Sinneseindrücke, die das Auge aufnimmt, an das Gehirn weiterleitet.

Der *fortschreitende Netzhautschwund* oder *Progressive Retinaatrophie* (P.R.A.) ist vererbbar und kann bei Hunden und Katzen vorkommen. Bei den Katzen sind es vor allem Perser- und Abessinierkatzen. Bei den Hunden trifft es häufig Kleinpudel, Spaniel und Zwerglanghaardackel. Der Netzhautschwund beginnt meist im Alter von etwa drei Jahren. Ein typisches Merkmal ist anfangs, daß der vierbeinige Gefährte im Dunkeln auffallend oft an Gegenstände stößt und sich möglicherweise im Dunkeln fürchtet, was früher nicht der Fall war. Dann ist das Tier offensichtlich nachtblind geworden. Auch in der Dämmerung ist das Sehvermögen stark eingeschränkt. Schließlich sieht der Vierbeiner auch bei Tag immer schlechter, bis er völlig erblindet. Durch früh einsetzende medikamentöse Therapie läßt sich das Fortschreiten der Krankheit verzögern, aber leider nicht mehr aufhalten. Die P.R.A. tritt immer an beiden Augen auf.
Auch ein Mangel an Taurin im Futter (ein wichtiger Eiweißstoff, der mit der Nahrung zugeführt werden muß) kann bei Katzen P.R.A. auslösen. Erkennt man den Taurinmangel rechtzeitig und gleicht ihn aus, so kommt die Erkrankung zum Stillstand. Unbehandelt wird die Katze schließlich blind.
Die *Collie-Augen-Anomalie* ist eine Erbkrankheit, die bei Collies und Shelties zu Veränderungen an Netzhaut und Sehnerv führt und die Sehfähigkeit einschränkt. Sehr oft bemerkt der Tierbesitzer die Collie-Augen-Anomalie nicht, weil sie symptomlos verlaufen, im schlimmsten Fall aber auch zu Erblindung führen kann. Meist entdeckt erst der Tierarzt die Krankheit bei einer routinemäßigen Untersuchung. Daher ist es wichtig, bei Collies, die zur Zucht vorgesehen sind, den Augenhintergrund untersuchen zu lassen, damit Tiere, die an dieser Erbkrankheit leiden, von der Zucht ausgeschlossen werden.
Entzündungen von Netzhaut und Sehnerv sind Begleiterscheinungen von Infektionskrankheiten (wie etwa Staupe, Toxoplasmose, Feline infektiöse Peritonitis, Katzenleukose), Pilzerkrankungen und Parasiten und führen mitunter zu spontaner Erblindung. Deshalb ist sofortige intensive tierärztliche Behandlung nötig.

Hervortreten des Augapfels aus der Augenhöhle

Kurznasige Rassen wie Mops, Pekinese und Lhasa Apso haben sehr flache Augenhöhlen und im Verhältnis dazu einen sehr großen Augapfel.

Bei diesen Tieren reicht schon ein leichtes Trauma (zum Beispiel während einer Rauferei packt ein anderer Hund den Mops grob am Nackenfell), damit der Augapfel hervortritt. Dann ist höchste Eile geboten! Damit das Auge nicht austrocknet, sollte der Tierbesitzer ein feuchtes Taschentuch über den Augapfel legen und schnellstens zum Tierarzt fahren. In unkomplizierten Fällen zieht der Arzt die Lider zurück und drückt den Augapfel mit einer feuchten Kompresse wieder in die Augenhöhle zurück. Die Augenlider müssen dann für acht bis zehn Tage mit Nähten verschlossen werden. Hängt der Augapfel schon zu lange heraus oder ist gar beschädigt, muß das Auge entfernt werden.

6

Mundhöhle und Rachenraum

Starker Speichelfluß, der Unterkiefer hängt etwas herunter. Ihr Gefährte verringert oder verweigert die Nahrungsaufnahme und hat Mundgeruch. Diese Anzeichen lassen auf Erkrankungen in der Mundhöhle schließen. Wenn Sie Ihren Hund oder Ihre Katze genau beobachten, können Sie Ihrem Tierarzt wertvolle Hinweise für die Diagnose und Behandlung liefern.

So kann der Speichel klar, trüb, blutig, wäßrig dünn oder zähflüssig sein. Wichtig ist zum Beispiel auch, ob das Tier prinzipiell Futter möchte und dann zum Beispiel wegen Schmerzen doch nicht frißt oder sich vor Beginn demonstrativ vom Futternapf abwendet. Letzteres würde eher für eine allgemeine Erkrankung sprechen. Überlegen Sie auch, ob das Tier vielleicht die Möglichkeit hatte, an Gift heranzukommen (Vergiftungen mit Thallium und Blei können Mundschleimhautgeschwüre hervorrufen). Wenn Ihr Liebing Zimmerpflanzen annagt (z. B. die beliebte Dieffenbachia), kann das ebenfalls Entzündungen der Mundschleimhaut auslösen.

Als «Notfall» bringen manchmal aufgeregte Tierbesitzer ihre Hunde in die Ordination, weil bei ihren Gefährten plötzlich enormer Speichelfluß auftritt und die Tiere andauernd mit den Pfoten verzweifelt über die Schnauze fahren. Die Ursache für dieses dramatische Bild ist meist ein Stück Holz oder Knochen, das sich quer zwischen den Backenzähnen eingeklemmt hat. In diesem Fall ist es für den Tierarzt einfach, das festgeklemmte Stück herauszunehmen. Schwierig wird es, wenn sich ein spitzer Fremdkörper in die Mundschleimhaut oder Zunge gebohrt hat. Meist sind es Gräten, spitze Knochen oder Holzstücke und Nadeln. Die-

se Fremdkörper muß der Tierarzt unter Narkose entfernen, wobei er sorgsam darauf achtet, daß keine Splitter in der Wunde zurückbleiben.
Herabhängende Unterkiefer sind oft Symptom für Erkrankungen der Kaumuskulatur. Besonders Deutsche Schäferhunde sind anfällig für Muskelentzündungen (Eosinophile Myositis). Bei der akuten Form schwellen die Kopfmuskeln symmetrisch an, die Hunde haben Schmerzen und wollen nicht fressen, die Nickhaut fällt vor, und der Unterkiefer hängt herab. Bisweilen fiebern die Tiere auch. Nach kurzer Besserung tritt die Krankheit in Schüben im Abstand von Wochen bis Monaten immer wieder auf. Der Kiefer wird schließlich immer unbeweglicher, Muskelschwund stellt sich ein.
Bei der chronischen Form schreiten Muskelschwund und Kiefersperre nur langsam fort, und die Tiere haben keine Schmerzen. Deshalb merken Hundebesitzer oft lange nichts. Die Heilungsaussichten sind leider sehr schlecht.
Besonders Spaniels leiden häufig unter *Lefzenekzem.* Dabei bilden sich nässende, gerötete stinkend-eitrige Stellen in den Hautfalten am Unterkiefer in der Eckzahngegend. Zuerst wird der Tierarzt versuchen, das Ekzem mit Salben und Tinkturen zum Abklingen zu bringen. Bringt das keinen Erfolg, müssen die Falten chirurgisch geglättet werden.
Die häufigsten gesundheitlichen Störungen in der Mundhöhle bei Hund und Katze betreffen *Entzündungen der Mundschleimhaut (Stomatitis).* Die Ursachen sind vielschichtig: Verbrennungen, Verletzungen, Verätzungen oder Infektionen. Die am meisten verbreitete Form der Stomatitis ist die Zahnfleischentzündung (Gingivitis). Katzen und kleine Hunderassen wie Zwergpudel, Pekinesen usw. sind dafür besonders anfällig. Hauptursache für diese Entzündung ist der Zahnstein. Er beginnt mit Ablagerungen (Plaques) von Speiseresten und Bakterien an der Zahnoberfläche. Durch Einlagerungen von Mineralstoffen aus dem Speichel verkalken die Ablagerungen zu hartem Zahnstein, der unangenehmen Mundgeruch verursacht und außerdem gefährlicher Bakterienträger ist. Denn unter dem Zahnstein frißt sich Karies in den Zahn. Und schließlich bilden die in der Zahnsteinmasse enthaltenen Bakterien giftige Stoffwechselprodukte, die in kurzer Zeit heftige Entzündungen von Zahnfleisch und Zahnbett auslösen können.

Sie merken dies, wenn sich ein deutlich sichtbarer roter Saum am Zahnfleisch abzeichnet – ein Alarmsignal. Nicht nur, daß der Zahnstein oberhalb des Zahnfleisches, deutlich sichtbar als gelbbrauner Belag, immer mehr wird. Er lockert auch das Zahnfleisch und schiebt sich darunter. Hier wächst er in Zahnfleischtaschen versteckt als harter Belag in Richtung Zahnwurzel in die Tiefe, was schließlich zur gefürchteten Parodontose (Zahnfleischschwund) führt. Dadurch lockern sich die Zähne und fallen schließlich aus. Genau wie es uns Menschen ergeht, wenn wir die Zahnpflege vernachlässigen.

Besonders bei Katzen ist die durch Zahnstein verursachte Zahnfleischentzündung so schmerzhaft, daß sie jede Nahrungsaufnahme verweigern. Die Zahnfleischentzündung allein zu behandeln, reicht hier nicht aus. Das Übel muß an der Wurzel gepackt werden. Das heißt, der Tierarzt muß zuerst einmal den Zahnstein entfernen. Mit Ultraschall ist die Prozedur schnell erledigt, ohne daß dabei der Zahnschmelz beschädigt wird.

Am besten ist es natürlich, wenn es erst gar nicht so weit kommt – durch regelmäßige Zahnpflege. Für Hunde gibt es eigene Zahnbürsten und Zahncremes. Man kann sie auch bei sehr geduldigen Katzen verwenden. Bei den meisten Samtpfoten tun Sie sich leichter, wenn Sie einen Zeigefinger mit einem Lappen umwickeln, etwas Schlämmkreide draufstreuen und damit vorsichtig Zähne und Zahnfleisch reinigen. Abzuraten ist von Reinigungsversuchen mit «Hausmitteln» wie etwa Zitronensaft. Denn die Säure greift den Zahnschmelz an und rauht ihn auf.

Als gewissenhafter Tierbesitzer sollten Sie Hund und/oder Katze einmal jährlich zur Zahnkontrolle bringen. Dabei wird auch gleich der in der Zwischenzeit entstandene Zahnstein entfernt.

Eine weitere wichtige Vorbeugung ist die Selbstreinigung der Zähne, die durch intensive Kautätigkeit von Büffelhautknochen, weichen Kalbsknochen und Knorpeln (aber keine ringförmigen Luftröhrenknorpel!) gefördert wird.

Entzündungen der Mundschleimhaut können auch als Symptom von Allgemeinerkrankungen auftreten. Bei der Urämie (Harnvergiftung) etwa kann es zu hochgradigen Entzündungen und Geschwüren der Mundschleimhaut kommen. Bei Katzen treten Zahnfleischentzündungen häufig im Verlauf von Virusinfektionen auf.

Zahnerkrankungen

Von *persistierenden Milchzähnen* spricht man, wenn Milchfang-, oft auch Milchschneidezähne, trotz bereits vorhandener bleibender Zähne nicht ausgefallen sind. Man findet sie besonders häufig bei kleinen Hunderassen oder Zwergrassen. Durch diese Doppelgarnituren kommt es zu Zahnfehlstellungen, aber auch Futterreste bleiben leichter hängen. Deshalb müssen diese überflüssigen Milchzähne vom Tierarzt operativ entfernt werden. Ist es bereits zu Fehlstellungen der zweiten Zähne – besonders der Reißzähne – gekommen, müssen sie durch eine Zahnregulierung ausgeglichen werden. Zahnfehlstellungen können aber auch erblich bedingt sein. Auch in diesem Fall hilft eine Regulierung. Dabei handelt es sich keineswegs um eine kosmetische Aktion. Sie ist deshalb notwendig, weil sich das Tier beim Beißen selbst verletzen kann.
Sehr häufig ist der *Reißzahn-Engstand.* Dabei stehen die Reißzähne zu eng beieinander und verletzen die Weichteile im Gegenkiefer, was zu schmerzhaften Entzündungen führen kann. Die Korrektur der Zähne läßt man am besten im Alter von sieben bis zehn Monaten durchführen – durch eine fixe Regulierung, die ungefähr zwei bis vier Monate getragen werden muß.
Bei Katzen findet man fast nie persistierende Milchzähne, und auch angeborene Fehlstellungen der Zähne gibt es bei den Samtpfoten kaum.
An *Karies* leiden Katzen genauso oft wie Hunde. Die Löcher sind jedoch meist mit dickem Zahnstein bedeckt, der mit Ultraschall vom Tierarzt entfernt wird. Die schmutzigbraun verfärbte Kariesstelle wird dann – wie beim Menschen – sauber ausgebohrt und das Loch mit Amalgam oder Kunststoff verschlossen. Ist die Zahnfäule zu weit fortgeschritten, bleibt dem Tierarzt nur, den Zahn zu entfernen.
Abgebrochene Zähne bei Hund oder Katze (meist sind es die Reißzähne) kann der Tierarzt wieder «aufbauen». Relativ oft brechen sich die Tiere auch den Unterkiefer bei einer Rauferei, einem Unfall oder Sturz aus dem Fenster. Dann setzt der Tierarzt Stifte in die Zähne ein und verbindet sie mit einer Kunststoffbrücke. So bleibt der Kiefer ruhiggestellt und kann wieder zusammenwachsen. Bei Katzen entfernt man die Brücke bereits nach zwölf Tagen, beim Hund muß sie sechs Wochen lang den Kiefer stützen.

Bei der *Zahnfleischgeschwulst (Epulis)* handelt es sich um Wucherungen des Bindegewebes, die zwar gutartig, aber lästig sind und vor allem bei Hunden auftreten. Man nimmt an, daß sie durch Entzündungen oder Irritationen entstehen. Bei Verletzungen einer solchen Geschwulst bluten die Hunde oft stark aus dem Maul. Diese Zahnfleischgeschwülste müssen chirurgisch entfernt werden.
Die Zunge schwillt bei Hund und Katze häufig an, wenn sich ein Fremdkörper um die Zunge legt, wie etwa Knorpelringe der Luftröhre (nach Verfütterung von Schlund) oder etwa ein Gummiring. Lassen Sie diese Fremdkörper schnellstens vom Tierarzt entfernen!
Wenn sich der Ausführungsgang der Speicheldrüsen verstopft, bilden sich unter und neben der Zunge sogenannte *Speichelzysten,* die man auch Froschgeschwülste oder Ranula nennt. Vor allem Hunde sind davon betroffen. Bei Katzen kommen sie nur sehr selten vor. Diese Zysten sind wurstförmig und unterschiedlich groß. Wenn Menschen unter diesen Zysten leiden, sind sie beim Reden behindert. Die Aussprache hat einen quakenden Beiklang, der an Froschgequake erinnert. Und da Frosch auf lateinisch «Rana» heißt, nannte man die Speichelzysten auch Ranula.
Beim Hundegebell ändert sich zwar der Tonfall nicht, aber je größer die «Froschgeschwulst» ist, desto mehr wird das Tier beim Aufnehmen von Flüssigkeiten und breiiger Nahrung behindert. Sie fließen dann oft wieder aus der Mundhöhle heraus. Die Vierbeiner speicheln auch sehr stark.
Wenn die hinteren Speichelausgänge sehr stark eingeengt sind oder sich die «Froschgeschwulst» stark ausweitet, kann es auch zu Halszysten kommen, auch Honiggeschwulst genannt, weil die Zysten mit gelbem, fadenziehenden, honigähnlichen Inhalt gefüllt sind. In weiterer Folge bilden sich sackähnliche Wölbungen im Halsbereich, die sogar die Atmung behindern können. Von dauerhaftem Erfolg ist nur die operative Entfernung der Zyste und der dazugehörigen Speicheldrüsen.

Erkrankungen des Rachens

Die *Rachenentzündung* tritt bei Tieren relativ häufig auf. Dabei schwillt die Schleimhaut an und ist gerötet. Die Tiere wollen nicht mehr fressen, weil ihnen das Schlucken weh tut. Mitunter tritt auch Fieber auf. Für Rachenentzündungen gibt es verschiedene Ursachen: Eine Verkühlung während der kalten Jahreszeit, Infektionskrankheiten, oder aber der Vierbeiner steckt sich beim Menschen an. Handelt es sich um eine Erkältung, ist lokale Wärme die beste Behandlung. Wickeln Sie Ihrem Liebling am besten einen warmen Schal einige Male um den Hals, geben Sie ihm nur breiige, warme Nahrung und überanstrengen Sie ihn nicht (keine langen Spaziergänge). Wenn die Rachenentzündung die Folge einer Infektionskrankheit ist, so muß selbstverständlich die Grundkrankheit behandelt werden.

Besonders im Winter, nach Schneefällen, leiden viele Hunde an schwerer *Mandelentzündung (Tonsillitis),* weil sie den frischen Schnee begeistert fressen. Es kann aber auch sein, daß Ihr Hausgenosse eiskaltes Wasser getrunken hat oder zu lange in Zugluft war (wenn er etwa den Kopf aus dem fahrenden Auto strecken darf). Und schließlich tritt Mandelentzündung als Begleiterscheinung von Infektionskrankheiten auf, wie zum Beispiel Staupe.

Gesunde Mandeln liegen in Schleimhauttaschen, den sogenannten Tonsillartaschen. Entzündete Mandeln schwellen an und treten aus den Schleimhauttaschen hervor.

Beim Hund

Das ist für den Hund sehr unangenehm. Er empfindet die vergrößerten Mandeln als Fremdkörper in seinem Rachen und versucht sie «auszuhusten». Da ihm dies natürlich nicht gelingt, versucht er dann, sie herauszuwürgen, wobei er weißen Schaum ausspuckt. (Die Tierbesitzer berichten dann meist ihrem Arzt: «Der Hund erbricht weißen Schaum.») Auch mit hustenartigem Räuspern versucht sich das Tier Erleichterung zu verschaffen. Wenn die Vierbeiner schließlich merken, daß beides nicht hilft, versuchen sie oft sogar, die Mandeln mit großen Gegenständen wie Steinen oder Holzstücken hinunterzuwürgen. Die Mandeln bleiben zwar, wo sie sind, dafür werden die oft tennisballgroßen Steine tatsächlich verschluckt und können lebensgefährlichen Darmverschluß auslösen. Das ist der Grund dafür, warum Mandelentzündung und Darmverschluß immer wieder gemeinsam auftreten.

Deshalb ein Tip: Sollte Ihr Hund gerade an einer Mandelentzündung leiden, legen Sie ihm beim Spazierengehen immer einen Beißkorb an! Und achten Sie darauf, daß er auch zu Hause nicht an Gegenstände herankommt, die er zum «Mandelschlucken» verwenden könnte.
Eine Mandelentzündung sollte auch beim Hund nicht auf die leichte Schulter genommen werden. Wird die Krankheit übersehen, kann sich das sehr schlecht auf Herz und Gelenke auswirken. Der Tierarzt behandelt die Mandeln mit Antibiotika und Pinselungen, wodurch die Entzündung meist rasch abklingt. Sprechen die Mandeln nicht auf die Behandlung an oder treten die Entzündungen immer wieder auf, müssen die Mandeln entfernt werden. Es ist ein problemloser Eingriff, und im Gegensatz zum Menschen haben die Hunde danach offensichtlich keine Schmerzen.
Bei Mandelentzündungen tritt häufig hohes Fieber bis zu 42 Grad auf. Fieber kann aber mitunter auch ganz ausbleiben.

Bei der Katze

Mandelentzündungen treten bei Katzen nicht so häufig auf. Aber im Verlauf von Herpesvirusinfektionen können bei Samtpfoten schwere, fortschreitende, geschwürige Mandelentzündungen auftreten, die zu Blutvergiftung und schließlich zum Tod führen können.
Wenn Ihre Samtpfote zuviel miaut oder Ihr Hund seine Aufgabe als Wachhund allzu ernst nimmt und dauernd bellt, kann sich der *Kehlkopf entzünden.* Auch das Einatmen von schädlichen Gasen (z. B. Rauch) führt oft zur Entzündung. Diese ist außerdem beim Verlauf vieler Infektionskrankheiten beteiligt, bei Hunden zum Beispiel beim Zwingerhustenkomplex, bei Katzen ist sie Begleiterscheinung der Katzenseuche und beim Katzenschnupfen.
Auch die Angewohnheit vieler Tierbesitzer, ihre Hunde ruckartig am Halsband zurückzuziehen, hat schon bei so manchem Vierbeiner zu akuter Kehlkopfentzündung geführt. Die akute Kehlkopfentzündung ruft schmerzhafte Hustenanfälle hervor und kann bis zur Stimmlosigkeit führen.
Zur Behandlung eignen sich Inhalationen mit Kamille und Kochsalz, die Linderung verschaffen. Wenn die Kehlkopfentzündung mit einer Infek-

tionskrankheit auftritt, muß der Tierarzt natürlich die Grundkrankheit behandeln. Wenn Ihr Hund zur Kehlkopfentzündung neigt, sollte er auf keinen Fall ein Halsband tragen. Legen Sie ihm besser ein Brustgeschirr an.

Erkrankungen der Nasenhöhlen und der Nasennebenhöhlen

Bei der Katze

Im Gegensatz zum Hund atmen Katzen normalerweise ausschließlich durch die Nase. Durch den Mund atmen sie nur unter außergewöhnlichen, ernstzunehmenden Umständen. Ein häufiges Symptom ist Atemnot. Die meisten Katzenbesitzer glauben dann, daß Störungen in der Nase oder Lunge schuld sein müssen. Das stimmt aber nicht. Ursache für Atemnot kann in ganz anderen Organsystemen liegen, zum Beispiel im Bauchraum. Dies kann jedoch nur der Tierarzt durch gründliche Untersuchung feststellen.
Auch Hecheln, also Mundatmung, ist meist nicht durch eine Behinderung in der Nase bedingt, sondern ist Zeichen für eine ernsthafte Gesundheitsstörung. Was für die Katze unter Umständen lebensbedrohlich sein kann, ist beim Hund ganz normal: Bei ihm dient Hecheln zum Ausgleich der Temperatur.
Nicht jeder *Schnupfen (Rhinitis)* darf gleich mit dem durch Viren bedingten und nicht ungefährlichen infektiösen Katzenschnupfen (siehe Kapitel Infektionskrankheiten) verwechselt werden. Schnupfen kann auch bei anderen Infektionskrankheiten (häufigste Ursache), Allergien und Tumoren auftreten und durch schleimhautreizende Gase wie etwa Rauch ausgelöst werden. Erkältungen als Schnupfenauslöser spielen bei Katzen nur eine untergeordnete Rolle.
Symptome für Schnupfen sind zuerst wäßriger Nasenausfluß und häufiges Niesen. Tritt später auch eitriger Nasenausfluß auf, ist das meist ein Zeichen für eine durch Bakterien ausgelöste Zweitinfektion. Die Nasenlöcher verkleben sich, und die Samtpfote gerät in Atemnot. Ist der Schnupfen einseitig, also nur ein Nasenloch betroffen, könnte auch ein eingeatmeter Fremdkörper oder ein Tumor schuld sein.

Seit einigen Jahren leiden immer mehr Katzen an allergischem Schnupfen (siehe Kapitel Allergien). Er äußert sich mit plötzlichem, heftigem wäßrigem Nasenausfluß, Niesen und meist auch mit gleichzeitiger Bindehautentzündung.
Hinter chronischem Schnupfen stecken meist hartnäckige Herpesviren. Sogar Erkrankungen der Zahnwurzel können zu chronischem Schnupfen führen. Sie sehen, die Gründe für eine «rinnende Nase» Ihres Vierbeiners können so vielfältig sein, daß es in jedem Fall anzuraten ist, die Ursache vom Tierarzt abklären zu lassen.
Fremdkörper oder Tumore müssen vom Arzt entfernt werden. Bei wäßrigem Schnupfen helfen abschwellende Nasentropfen. Ist die Nasenöffnung bei eitrigem Schnupfen verklebt, reinigen Sie diese am besten mit warmem Kamillentee. Um den Einsatz von Antibiotika wird man in diesem Fall nicht herumkommen, um die Bakterien auszurotten. Aufgerauhte und entzündete Nasenspiegel (Nasenspitzen) können Sie mit Vaseline-Salbe pflegen.
Die *Stirnhöhlenentzündung* tritt bei Katzen nur selten auf und kann nur mit einer Röntgenaufnahme diagnostiziert werden. Meist läßt angewinkelte Kopfhaltung als Zeichen für Kopfschmerzen Stirnhöhlenentzündung vermuten.
Bluten Samtpfoten *aus der Nase,* schreckt das Tierbesitzer immer sehr. Im Verlauf von chronischem Schnupfen kann es, bedingt durch die starke Entzündung der Schleimhaut, zu Nasenbluten kommen. Hat die Katze keinen Schnupfen, sind vielleicht Gewalteinwirkungen auf Schädel oder Nase schuld, zum Beispiel nach einem Unfall. Tumore und Fremdkörper können ebenfalls Gründe sein. Denken Sie aber auch daran, daß Ihre Katze Rattengift gefressen haben könnte. Der darin enthaltene Wirkstoff Dicumarol löst unter anderem auch Nasenbluten aus (siehe Kapitel Vergiftungen). Über die Behandlung kann nur der Arzt entscheiden.

Beim Hund

Daß ein Hund mit feuchter, kühler Nase gesund ist, eine warme, trockene Nase hingegen auf eine Krankheit hinweist, ist ein weitverbreitetes Mißverständnis. Abgesehen von der sogenannten Hartballenkrankheit (eine Form der Staupe), bei der es zu einer verstärkten Verhornung der Nase kommt, ist die trockene Nase kein Krankheitssymptom. Es reicht, wenn Sie die Nase Ihres Lieblings mit lebertranhältigen Salben und Fettstiften (wie sie auch Menschen verwenden) pflegen.

Für *Schnupfen (Rhinitis)* bei Hunden gilt im wesentlichen das bereits für Katzen Gesagte. Infektionskrankheiten, die beim Hund Schnupfen verursachen können, sind zum Beispiel Staupe und Zwingerhusten (siehe Kapitel Infektionskrankheiten). Allerdings tritt Schnupfen als Folge von Erkältungen und Zugluft bei Hunden wesentlich häufiger auf als bei Katzen. Wie schon bei der Katze erwähnt, kann Schnupfen (nachdem die Ursache durch den Tierarzt festgestellt und, wenn nötig, die Grunderkrankung behandelt wird) durch abschwellende Tropfen gelindert werden. Vereiterte Nasenlöcher reinigen Sie am besten mit Kamillentee. Bei Hunden (und sehr ruhigen Katzen) können Sie es auch mit einer Kamillendampf-Inhalation versuchen. Halten Sie den Kopf Ihres Lieblings über ein Becken mit heißem Kamillentee, solange es das Tier zuläßt.

Bei Hunderassen mit kurzen Nasen – wie Pekinesen oder englische und französische Bulldoggen – sind manchmal die Nasenlöcher anlagebedingt verengt. Das erschwert den Tieren das Einatmen, und es entstehen schnarchende Atemgeräusche. Diese Verengung kann jedoch operativ behoben werden.

Aber auch ohne Verengung der Nasenlöcher neigen die kurznasigen Hunderassen zu abnormen Atemgeräuschen, und zwar meist bei Hitze, Überanstrengung und Aufregung. Sie erleichtern Ihrem Tier das Atmen, wenn Sie sein Maul öffnen und die Zunge etwas herausziehen.

7

Herz- und Lungenkrankheiten

Ist Ihr Vierbeiner am Herzen erkrankt, bedeutet das für ihn immer Einbuße an Leistungsfähigkeit und Lebensqualität. Katzen sind insofern bevorzugt, weil sie für Herzleiden nicht so anfällig sind wie Hunde. Wenn sie jedoch erkranken, ist das Krankheitsgeschehen bei beiden Tierarten gleich. Der Tierarzt kann die Vierbeiner mittels Abhören, Beklopfen, EKG, Röntgen oder Ultraschall untersuchen. Um Ursachen von Krankheiten besser zu verstehen, ist es interessant zu erfahren, wie das Herz aufgebaut ist und funktioniert.

Das Herz ist der Motor des Blutkreislaufes. Es hat die Aufgabe, das Blut im Körper zirkulieren zu lassen. Denn das Blut wird in der Lunge, dem Ort des Gasaustausches, mit Sauerstoff aus der Atemluft angereichert, fließt dann zu den Organbereichen der Nahrungsaufnahme (besonders dem Darm), zu den «Speichern» Leber, Fettgewebe, Knochen usw. und versorgt über feine und feinste Blutgefäße jede Körperzelle mit Sauerstoff. Schließlich fließt es wieder zurück zur Lunge, um erneut Sauerstoff aufzunehmen – der Kreislauf ist geschlossen.

Das Herz ist ein kräftiger Muskel mit vier Hohlräumen. Diese bilden die rechte und linke Vorkammer sowie die rechte und linke Kammer. Die linke Vorkammer ist mit der linken Kammer durch die zweizipfelige Herzklappe verbunden, rechte Vorkammer und rechte Kammer durch die dreizipfelige Herzklappe. Umgeben ist das Herz vom Herzbeutel. Die Hohlräume des Herzmuskels sind immer vom Endocart ausgekleidet, das der inneren Auskleidung der Blutgefäße entspricht. Alle Blutgefäße, die vom Herz wegführen, nennt man Arterien. Das Blut, dem bereits Sauerstoff für den Stoffwechsel entzogen worden ist, fließt in den

Venen zurück, wird von der Lungenarterie in die Lunge transportiert, wo es wieder Sauerstoff aufnimmt, zurück zum Herzen gelangt und von dort über Hauptschlagader (Aorta) und Arterien den gesamten Körper mit Sauerstoff versorgt.

Angeborene Herzfehler

Dazu zählt der *Kammerwanddefekt.* Betroffene Tiere kommen mit einem Loch in der Wand zwischen den beiden Herzkammern zur Welt. Die Symptome treten schon bald nach der Geburt auf. Die Welpen sind schwach, bewegen sich kaum und leiden unter Atemnot. Die Schleimhäute sind bläulich verfärbt. Meist kommt es zum Rechtsherzversagen, was sich in Flüssigkeitsansammlungen in den Beinen äußert. Wenn der Herzfehler sehr stark ausgeprägt ist, sterben die Vierbeiner sehr früh. Bei leichteren Herzfehlern überleben sie zwar, wachsen aber langsamer als ihre Artgenossen. Man sagt: «Sie kümmern.»
Die angeborene *Verengung der Hauptschlagader (Aorta)* ist vererbbar bei Neufundländern, tritt aber auch bei Boxern und Deutschen Schäferhunden auf. Bei den Samtpfoten trifft es vor allem Siamkatzen. Bei dieser Erkrankung ist die Aorta bei ihrer Austrittsstelle am Herzen verengt. Deshalb fließt das sauerstoffangereicherte Blut nur verzögert aus der linken Herzkammer in den Körperkreislauf. Es kommt zum Rückstau in der linken Herzkammer und dadurch zu erhöhtem Druck in dieser Kammer. Gehirn und Muskulatur werden zuwenig mit Sauerstoff versorgt. Deshalb sind die Tiere nicht belastbar. Bei erhöhter körperlicher Aktivität können sie leicht zusammenbrechen.
In leichteren Fällen von Aortenverengung fällt oft nur rasche Ermüdbarkeit des Vierbeiners auf. In schweren Fällen kommt es zum Linksherzversagen und damit zum sofortigen Tod. Die Aortenverengung ist meist Ursache für den beim Boxer bekannten «plötzlichen Herztod».
Auch bei der *Verengung der Lungenarterie* nimmt man eine Vererbbarkeit an. Englische Bulldoggen, Terrier und Chihuahuas sind besonders anfällig. Bei der Verengung der Lungenarterie tritt Rechtsherzversagen auf. Das heißt, das Blut fließt zu langsam zum Herzen zurück und wird im Körper zurückgestaut. Die Folgen sind Leberstauung, Bauchwasser und Flüssigkeitsansammlungen in den Beinen. Bei körperlicher Anstren-

gung können die Vierbeiner zusammenfallen. Bei hochgradiger Verengung zeigen sich die Anzeichen bereits zu Beginn des ersten Lebensjahres. Geringfügige Verengungen können sich oft erst in mittleren Jahren bemerkbar machen. Sofort nach Auftreten der ersten Symptome müssen die Vierbeiner mit herzstützenden Medikamenten behandelt werden, sonst sterben sie an Herzversagen. Selbstverständlich bedürfen sie lebenslanger körperlicher Schonung.
Wenn Sie ein junges Tier aufnehmen, sollten Sie es beim ersten Tierarztbesuch gleich routinemäßig auf angeborene Herzfehler untersuchen lassen. Stellt sich heraus, daß Ihr Liebling herzkrank ist, kann er in leichteren Fällen durch entsprechende herzstützende Mittel und große körperliche Schonung noch viele Jahre leben. Tiere mit vererbbaren angeborenen Herzfehlern müssen von der Zucht ausgeschlossen werden!

Herzerkrankungen, die erst im Laufe des Lebens entstehen

Diese Krankheiten bemerken Tierbesitzer im Frühstadium nur schwer, weil bei vielen herzkranken Tieren über lange Zeit Husten das einzige Symptom ist. Unregelmäßige Herzschläge beim Hund sind normal und daher für den Tierhalter kein Hinweis.
Die Schwäche (Insuffizienz) der zweizipfeligen und dreizipfeligen Herzklappe ist wohl die häufigste erworbene Herzkrankheit. Die Herzklappen verlieren ihre Elastizität und können nicht mehr richtig schließen. Warum es zu dieser Krankheit kommt, weiß man noch nicht. Betroffen sind vor allem Hunde etwa ab dem fünften Lebensjahr. Die Krankheit verläuft chronisch und ist leider nicht heilbar.
Lange Zeit gleicht der Herzmuskel den Klappenfehler durch verstärkte Tätigkeit aus. Solange das funktioniert, merkt der Tierbesitzer keinerlei Veränderungen an seinem Vierbeiner. Bringen Sie Ihren Liebling regelmäßig zur Gesundenuntersuchung, kann der Tierarzt Herzklappenerkrankungen durch Abhören des Herzens feststellen. Sie wissen dann, daß Sie Ihr Tier nicht zu sehr belasten dürfen. Je nach Schweregrad müssen eventuell herzstützende Medikamente gegeben werden.
Wenn der Herzmuskel nicht mehr imstande ist, den Klappenfehler auszugleichen, was – wie oben erwähnt – oft erst nach Jahren der Fall ist,

treten folgende Symptome auf: Bei Insuffizienz der zweizipfeligen Herzklappe kommt es zum Rückstau des Blutes in die Lunge, der Gasaustausch wird gestört. Die Tiere leiden unter Atemnot und husten viel – vor allem bei großer Freude oder Aufregung. Nachts gehen die Tiere unruhig umher. Im fortgeschrittenen Stadium kommt es zum Lungenödem (siehe Kapitel Lungenerkrankungen). Dabei sammelt sich Flüssigkeit in Lungenbläschen und Bronchien an. Das Allgemeinbefinden des Tieres ist stark herabgesetzt.

Bei der Insuffizienz der dreizipfeligen Herzklappe kommt es zum Rückstau des Blutes in den Körperkreislauf. Die Symptome sind Leberstauung, Flüssigkeitsansammlung an den Extremitäten, an der Vorderbrust und an der Bauchhaut. Außerdem besteht mit der Zeit hochgradige Bauchwassersucht. Das ist eine abnorme Ansammlung von Flüssigkeit in der Bauchhöhle. Typisch ist dabei der birnenförmig aufgetriebene Bauch. Die Leistungsfähigkeit ist stark herabgesetzt.

Wie für alle Krankheiten gilt natürlich auch hier der Grundsatz: Je früher mit der Therapie begonnen wird, desto besser sind die Aussichten für den Verlauf der Erkrankung. Die Behandlung von Herzklappenfehlern müssen sich unbedingt über das ganze Leben des Tieres erstrecken!

Wenn Ihr Vierbeiner betroffen ist, müssen Sie ihm nach Vorschrift des Arztes regelmäßig Medikamente verabreichen. Wird die Behandlung bei Besserung des Zustandes abgebrochen – was leider immer wieder vorkommt –, setzen die Krankheitssymptome schon wieder voll ein.

Was aber können Sie als ahnungsloser Tierbesitzer tun, wenn Sie durch das Zusammenbrechen Ihres Vierbeiners plötzlich mit dessen Herzkrankheit konfrontiert werden? Beginnen Sie sofort mit Herzmassage. Nehmen Sie den Brustkorb zwischen beide Hände und drücken Sie ihn rhythmisch zusammen und lassen wieder los. Fahren Sie so lange fort, bis das Herz wieder schlägt. Wurde eine Herzschwäche durch große Anstrengung ausgelöst, kann starker Kaffee mit Zucker zur Anregung des Herzens verabreicht werden. Dann müssen Sie aber raschest mit dem Vierbeiner zum Tierarzt. Bei herzkranken Tieren ist es wichtig, die Natriumzufuhr einzuschränken. Es gibt auch schon fertige natriumarme Herzdiäten. Wenn Sie die Medikamente vorschriftsmäßig geben und den Vierbeiner körperlich schonen, kann er trotz chronischen Herzleidens ein recht hohes Alter erreichen.

Lungenerkrankungen

Die Lunge besteht aus rechtem und linkem Lungenflügel, die sich in einzelne Lungenlappen unterteilen. Die Luftröhre teilt sich oberhalb des Herzens in zwei Hauptbronchien, die in je einen Lungenflügel eintreten und sich in kleine und kleinste Bronchien verzweigen, die schließlich in den Lungenbläschen enden. Hier erfolgt der Gasaustausch zwischen Lunge und Blut. Die Aufgabe der Atmung ist ja, dem Organismus den eingeatmeten Sauerstoff zuzuführen und die «verbrauchte» Luft, Kohlendioxid, wieder aus dem Organismus zu entfernen.
Sind nun Bronchien und/oder Lungengewebe erkrankt, funktioniert der Gasaustausch nicht mehr richtig, es kommt zu schweren gesundheitlichen Störungen.

Bronchitis oder Bronchialkatarrh

Bronchitis ist wohl die häufigste Erkrankung der Atemwege. Es handelt sich dabei um eine Entzündung der Bronchialschleimhaut. Meist ist dann auch die Luftröhre entzündet. Die Ursachen für Bronchitis können sehr vielschichtig sein. Häufig ist sie Begleiterscheinung von Infektionskrankheiten. In diesem Fall haben die Tiere auch Fieber, und ihr Allgemeinbefinden ist schwer gestört.
Bei der sogenannten *unkomplizierten Bronchitis* tritt kein Fieber auf. Auch das Allgemeinbefinden muß nicht wesentlich gestört sein. Die Tiere husten, der durch die Entzündung gebildete Schleim wird jedoch meist nicht ausgeworfen, sondern gleich geschluckt.
Einige Ursachen: Passives Mitrauchen der Haustiere in Raucherfamilien führt sehr oft zu unangenehmer Bronchitis. Manche Vierbeiner bekommen eine regelrechte Raucherlunge mit schwarz verfärbtem Lungengewebe. Auch Einatmen von Chemikalien kann zu mehr oder weniger schwerer Bronchitis führen. Langes Bellen in trockener Luft kann ebenso schuld sein wie das Einatmen von kleinen Futterteilen (die «in die falsche Röhre» gelangen) oder Erbrochenem (zum Beispiel in Narkose bei nicht nüchternen Tieren).
Bei Jungtieren kommt es häufig durch massiven Wurmbefall zu *parasitärer Bronchitis.* Sie wird von Wurmlarven verursacht, die auf ihrer Körperwanderung die Lunge durchqueren.

Beim Hund eher selten, bei der Katze aber um so häufiger ist die *allergische Bronchitis* oder das *Bronchialasthma.* Als Allergieauslöser kommt von Pflanzenpollen bis zur Hausstaubmilbe vieles in Frage. So etwa auch Überempfindlichkeit gegen Medikamente oder Insektenstiche. Beim Bronchialasthma verengen sich die Bronchien krampfartig, was zu hochgradiger Atemnot führt. Dann atmen die Tiere mit weit aufgerissenem Maul, die Zunge verfärbt sich durch den akuten Sauerstoffmangel bläulich. Schon von weitem kann man die Atemgeräusche hören. Die Tiere brauchen sofort ärztliche Hilfe.

Als Therapie der akuten Bronchitis müssen zuerst die auslösenden Ursachen gefunden und abgestellt werden. Sie sollten Ihr Tier liebevoll beruhigen und für genügend Luftfeuchtigkeit sorgen. Der Tierarzt gibt Medikamente, die die Bronchien erweitern, den Schleim lösen und Husten stillen. Bei Fieber müssen auch Antibiotika gegeben werden.

Es ist sehr wichtig, akute Bronchitis nicht zu übergehen, sonst wird sie chronisch und zieht oft unheilbare Spätschäden nach sich. Von *chronischer Bronchitis* spricht man dann, wenn der Husten länger als zwei Monate andauert. Anfällig sind vor allem Katzen mittleren Alters und kleine Hunderassen etwa ab dem fünften Lebensjahr.

Chronische Bronchitis merken Sie am eher trockenen Husten, an Kurzatmigkeit und leichter Ermüdbarkeit Ihres Hausgenossen. Bei der chronischen Bronchitis verengen sich auch die kleinsten Bronchien. Es bildet sich vermehrt Schleim, der die Bronchien verlegt. Schließlich werden sogar die Wände der feinen Lungenbläschen zerstört, und es entsteht das chronische, nicht mehr heilbare *Lungenemphysem* (Lungenüberblähung). In diesem Stadium ist die Elastizität der Lunge so herabgesetzt, daß den Vierbeinern vor allem das Ausatmen schwerfällt. Das heißt, es bleibt immer ein Rest der verbrauchten Luft (mit Kohlendioxid angereichert) in den zerstörten Lungenbläschen zurück. Dadurch wird der Gasaustausch mit dem Blut gestört – der Organismus bekommt zuwenig Sauerstoff. Bei geringer Anstrengung leiden die Tiere unter Atemnot. Chronische Bronchitis wird ähnlich wie die akute behandelt. Allerdings sind zusätzlich hohe Kortisongaben unumgänglich! Inhalationen können den Krankheitsverlauf begünstigen.

Lungenentzündung oder Pneumonie

Lungenentzündungen treten oft als Zweitinfektion (Auslöser sind Bakterien) im Verlauf von Viruserkrankungen, Parasitenbefall der Lunge oder nach Einatmen oder Fehlschlucken stark reizender Stoffe auf. Bei der Lungenentzündung sind nicht die Bronchien, sondern das eigentliche Lungengewebe erkrankt. Eine sehr häufige Übergangsform ist die *Bronchopneumonie.* Dabei bereitet sich die Entzündung der Bronchien herdförmig auf das angrenzende Lungengewebe aus. Bronchopneumonie ist also häufig die Folge einer heftigen, akuten oder chronischen Bronchitis. Die Vierbeiner husten, sind matt und abgeschlagen, atmen viel schneller als normal und haben Fieber.

Bei jeder Form der Lungenentzündung tritt Fieber auf. Bei der Katze ist es meist nicht so hoch wie beim Hund, bei dem es auf 41 Grad und mehr ansteigen kann. Die Tiere wollen nicht mehr fressen, sind apathisch und schwach. Länger andauernde Lungenentzündungen können das Herz schwer schädigen. Entzündungen der Lungen sind immer lebensgefährlich und bedürfen intensiver ärztlicher Behandlung. Um eine sichere Diagnose durchführen zu können, müssen bei Lungenerkrankungen stets Röntgenaufnahmen angefertigt werden.

Lungenblutung

Die häufigsten Ursachen für Lungenblutungen sind Unfälle und Dicumarolvergiftungen (Rattengift!). Es kommt immer wieder vor, daß Hunde, die von einem Auto zur Seite geschleudert werden, oder Katzen, die etwa aus dem Fenster fallen, scheinbar unverletzt wieder aufstehen. Erst nach einiger Zeit merkt dann der Tierbesitzer, daß sein Vierbeiner nach Luft ringt und zu husten beginnt. Schließlich quillt helles, schaumiges Blut aus der Nase. In dieser Situation müssen Sie Ihren Liebling auf schnellstem Weg zum Tierarzt bringen. Es besteht Lebensgefahr!

Lungenödem

Lungenödeme sind abnorme Flüssigkeitsansammlungen in der Lunge. Sie beginnen im Stützgewebe der Lunge und breiten sich schließlich auf

Lungenbläschen und Bronchien aus. Je weiter das Lungenödem fortschreitet, desto jämmerlicher fühlt sich der Vierbeiner. Beschränkt sich die Flüssigkeitsansammlung noch auf das Stützgewebe der Lunge, sind die Tiere kurzatmig, husten leise, vertragen keine Anstrengung und wandern nachts ruhelos durch die Wohnung. Tagsüber bevorzugen sie kühle Liegeplätze, meist in der Nähe von offenen Fenstern oder Türen. Wahrscheinlich aus instinktivem Bedürfnis nach mehr Sauerstoff.

Regelrechte Qualen erleiden die Tiere, wenn die Flüssigkeit in Lungenbläschen und Bronchien übertritt. Da in den betroffenen Teilen der Lunge keine Sauerstoffaufnahme mehr möglich ist, glauben die Vierbeiner, ersticken zu müssen. Die Folgen sind der typische angsterfüllte Blick und hochgradige Atemnot. Die Tiere ringen mit weit offenem Mund nach Luft. Vor allem Hunde zeigen das typische «Backenblasen». Beim Husten tritt rosaroter Schaum aus Mund und Nase. Die Vierbeiner wagen es nicht mehr, sich hinzulegen, und stehen mit weit gespreizten Vorderbeinen, bis sie zusammenbrechen.

Es gibt mehrere Ursachen für das Lungenödem. Die häufigste ist die Linksinsuffizienz des Herzens. Bei dieser Erkrankung hat die zweizipfelige Herzklappe – sie trennt die Vorkammer von der Kammer in der linken Herzhälfte – ihre Elastizität verloren. Das Blut wird im Lungenkreislauf zurückgestaut, Flüssigkeit tritt in die Lunge aus. Es ist dies meist ein chronisches Leiden bei älteren Tieren, das auch als Stauungslunge oder Herzasthma bezeichnet wird. Bei entsprechender Behandlung durch den Tierarzt können die Vierbeiner aber noch jahrelang leben.

Störungen der Durchlässigkeit kleiner Blutgefäße in der Lunge (Permeabilitätsstörungen) können ebenfalls zum Lungenödem führen. Das heißt, Flüssigkeit aus feinen Gefäßen in der Lunge tritt in das Gewebe über. Zu solchen Störungen kann es beispielsweise durch Vergiftungen (ANTU-Vergiftung) kommen.

Weitere Ursachen sind heiße, reizende Gase und Elektroschocks. Wie soll mein Tier zu einem Elektroschock kommen, werden Sie vielleicht fragen. Dies ist gar nicht so ungewöhnlich, wenn junge, verspielte Tiere übermütig in elektrische Kabel beißen.

Die Therapie beim Lungenödem muß sowohl die Ursache, als auch die Beschwerden gleichzeitig bekämpfen. Bei dem durch Linksinsuffizienz des Herzens bedingten Ödem müssen einerseits Medikamente gegeben werden, die die Herzleistung stärken, andererseits befreien entwässernde Arzneien die Lunge von der angesammelten Flüssigkeit. Es ist dies eine Langzeitbehandlung, die vom Tierarzt kontrolliert werden muß.

Zwerchfellriß oder Zwerchfellbruch

An plötzlich auftretenden Hustenanfällen und Atemnot kann auch der Zwerchfellriß oder Zwerchfellbruch schuld sein. Er ist häufig die Folge von Unfällen oder tritt während Raufereien zwischen sehr großen und sehr kleinen Hunden auf. (Durch Bisse in den Brustkorb wird das Zwerchfell verletzt.) Auch bei Katzen sind Zwerchfellbrüche nicht so selten. Als Ursache kommen hier Autounfälle, aber leider auch immer wieder Mißhandlungen – zum Beispiel Tritte in den Bauch – in Frage.
Das Zwerchfell bildet die Trennung zwischen Brust- und Bauchhöhle. Wenn es durch eine Verletzung eingerissen ist, können Organe aus der Bauchhöhle (Därme und Leberlappen) in den Brustraum vorfallen. Diese drücken dann auf die Lunge und verursachen Atemnot.
Die Diagnose stellt der Arzt mit einer Röntgenaufnahme. Beim Abhören der Brusthöhle kann er auch möglicherweise Darmgeräusche feststellen. Der Zwerchfellriß kann nur chirurgisch wieder geschlossen werden.

8

Erkrankungen des Verdauungstraktes

Um die Vorgänge bzw. Störungen bei der Verdauung besser in Zusammenhang bringen zu können, hier eine kurze Erklärung, was bei der Verdauung geschieht.

Damit wichtige Stoffe aus der Nahrung vom Blutkreislauf aufgenommen werden können, müssen sie verdaut, das heißt, in ihre kleinsten Bestandteile zerlegt werden. Die Körperzellen bauen dann aus den zugeführten Substanzen körpereigene auf. Damit dies alles reibungslos geschehen kann, müssen Magen, Darm, Leber und Bauchspeicheldrüse gut zusammenspielen. Leber und Bauchspeicheldrüse liefern Enzyme. Das sind Hilfsstoffe, die bei der Aufbereitung der Nahrung im Darm wesentlich beteiligt sind.

Hunde sind sogenannte «Schlinger». Das heißt, sie reißen mit den Zähnen größere Brocken aus fester Nahrung und schlingen diese fast unzerkaut hinunter. Durch unwillkürliche, wellenförmige Bewegungen der Muskulatur in der Speiseröhre wird die Nahrung in den Magen befördert.

Der Magensaft enthält Magensäure und fett- und eiweißspaltende Enzyme. Dadurch werden die großen Nahrungsbestandteile bereits grob zerlegt, wandern in den Dünndarm und werden dort ebenfalls durch Enzyme weiter aufgespalten. Der Dünndarm besteht aus drei Abschnitten: Zwölffingerdarm, Leerdarm und Hüftdarm. In den Zwölffingerdarm münden die Ausführungsgänge von Gallenblase und Bauchspeicheldrüse. Hier wird der Nahrungsbrei mit Galle und Bauchspeicheldrüsensaft vermischt. Das Gallensekret wird von der Leber ununterbrochen produziert und in der Gallenblase gespeichert. Die Galle hat bei der Verdau-

ung wichtige Funktionen zu erfüllen. Sie liefert Gallensäuren, die die Verdauung von Fett, Kohlenhydraten und Eiweiß ermöglichen. Der Gallenfarbstoff entsteht beim Abbau des roten Blutfarbstoffes (Hämoglobin). Auslösend für die Ausschüttung der Galle aus der Gallenblase wirken die Nahrungsbestandteile, vor allem Fette. Die Galle regt auch die Weiterbeförderung des Nahrungsbreis im Darm an, hemmt Fäulnisbakterien und färbt den Darminhalt.
Der Bauchspeicheldrüsensaft enthält Enzyme, die Eiweiß, Fett und Kohlenhydrate spalten. Hund und Katze bilden Bauchspeicheldrüsensaft im Zeitraum nach der Nahrungsaufnahme, bis die Verdauung abgeschlossen ist.
Von Drüsen, die in der Darmschleimhaut liegen, wird Darmsaft produziert, der ebenfalls wichtige Enzyme enthält. Die im Magen begonnene Aufspaltung der Nahrung setzt sich so lange fort, bis die lebenswichtigen Substanzen schließlich im Leerdarm aufgenommen und von dort mit dem Blutkreislauf in jede Zelle des Organismus transportiert werden. Über den Hüftdarm gelangen die wertlosen Nahrungsreste in den Dickdarm, der aus Blinddarm, Grimmdarm und Mastdarm besteht. Zum Blinddarm ist zu bemerken, daß der Wurmfortsatz, der beim Menschen Blinddarmentzündung auslösen kann und dann entfernt werden muß, bei Hund und Katze fehlt. Im Grimm- und Mastdarm schließlich wird der Kot entwässert, geformt und ausgeschieden.

Magenkrankheiten

Auch bei Hund und Katze sind Erkrankungen des Magens häufig. Die Ursachen bei Vierbeinern sind ebenso vielfältig wie bei uns Menschen. Sie reichen von psychischem Streß über Infektionen, Parasiten, Erkrankungen anderer Organe (z. B. Nieren!) und Vergiftungen bis hin zu Allergien. Häufigstes Symptom bei Magenleiden ist Erbrechen. Es kündigt sich durch pumpende Bewegungen des ganzen Körpers Ihres Lieblings an. Dazu ist zu sagen, daß Hund und Katze generell leicht erbrechen, da der Mageneingang trichterförmig ausgebildet ist, was eine gewisse Schutzfunktion ist. So kann in zu großen Mengen oder zu hastig gefressenes Futter gleich wieder nach außen befördert werden. Gelegentliches Erbrechen braucht man also nicht so ernst zu nehmen. Erst, wenn es häufig auftritt, muß man eine Erkrankung annehmen.

Entzündungen der Magenschleimhaut, auch Gastritis genannt, treten in verschiedenen Formen auf.
Auslöser für *akute Gastritis* können äußere Ursachen wie zum Beispiel verdorbenes Futter, innere Parasiten (Würmer), giftige Stoffe und Medikamente sein. So vertragen etwa Katzen kein Aspirin! Auch Fremdkörper, die im Magen liegenbleiben, rufen Beschwerden hervor. Besonders bei Langhaarkatzen findet man oft zusammengeballte Haarknäuel im Magen als Gastritisursache. Bei Hunden kommt noch dazu, daß sie im Winter manchmal ganz gierig Schnee fressen, was ebenfalls oft mit Magenschmerzen endet.
Als innere Ursachen kommen Allgemeinerkrankungen und verschiedene organische Krankheiten in Frage, wie etwa Leptospirose beim Hund, Nieren- und Leberleiden bei Hund und Katze.
Symptome der akuten Gastritis: Plötzliches, heftiges Erbrechen, Appetitlosigkeit, Mattigkeit, Bauchschmerzen und Teilnahmslosigkeit. Gefahr besteht für ganz junge und sehr alte Vierbeiner, die wegen des hohen Flüssigkeitsverlusts zu schnell entwässert werden und regelrecht austrocknen. Durch das Erbrechen verliert der Körper auch sehr viel Salz. Geben Sie daher in leichteren Fällen Ihrem Hausgenossen mehrmals täglich gesalzene Kraftbrühe in kleinen Portionen. In schweren Fällen kann nur noch der Tierarzt mit Elektrolyt-Infusionen helfen. Außerdem verabreicht er zusätzlich Medikamente gegen die akute Magenentzündung.
Chronische Gastritis findet man im allgemeinen beim Hund häufiger als bei der Katze. Die Anzeichen sind weniger alarmierend als bei der akuten Form. Die Vierbeiner erbrechen nur ab und zu, meist im Abstand von mehreren Tagen. Sie fressen und trinken auch zwischendurch. Dadurch ist die Gefahr der Entwässerung und Austrocknung auch nicht so groß. Im Laufe der Zeit magern die Tiere jedoch ab. Auch die chronische Gastritis kann sowohl durch äußere als auch durch innere Ursachen ausgelöst werden. Als innere Ursachen kommen Nierenerkrankungen und Autoimmunkrankheiten (der Organismus richtete seine Abwehr auch gegen körpereigene Stoffe) in Frage. Zu den von außen bedingten gastritischen Erscheinungen zählen die allergische und die nervöse Gastritis.
Allergische Gastritis kann bei Hund und Katze auftreten und ist auf eine Futtermittelunverträglichkeit zurückzuführen. Das heißt, die Vierbeiner

vertragen bestimmte Bestandteile der Nahrung nicht. Die Magenschleimhaut «rächt» sich mit allergischen Reaktionen. Als Therapie müssen Sie Ihrem Hausgenossen allergenarme Diätnahrung verabreichen (siehe Kapitel Allergien). Sie können entweder allergenarmes Fertigfutter verwenden oder die Nahrung selbst zubereiten. Allergenarme Lebensmittel sind Schaffleisch und Kartoffeln. Auch eine Diät aus drei Teilen Reis und einem Teil Hüttenkäse hat sich bewährt.

Bei der *Nervösen Gastritis* wird der Magen durch dauernden Streß und Nervosität chronisch gereizt und reagiert mit Überproduktion von Magensäure. Dies merken Sie daran, daß Ihr Liebling vor allem morgens reinen Magensaft nach außen befördert. Auch sonst erbrechen die Tiere sehr häufig und magern rasch ab. Zu dieser Form der Gastritis neigen besonders sensible Katzen und Hunde. Sie reagieren damit oft auf Nervosität und seelische Unausgeglichenheit ihrer Besitzer! Auch ein Wohnungswechsel, neue Personen oder Haustiere in der Familie oder Überforderung der Hunde beim Abrichten können sich auf den Magen schlagen.

Voraussetzung für eine erfolgreiche Behandlung ist, daß Sie liebevoll auf die Psyche Ihres Hundes oder Ihrer Katze eingehen, beruhigend mit ihnen sprechen und natürlich die Ursache ausschalten bzw. im Fall von Familienzuwachs Ihren Vierbeiner mit den neuen Menschen oder Tieren langsam vertraut machen. Der Tierarzt wird die medikamentöse Behandlung eventuell mit leichten Beruhigungsmitteln kombinieren.

Für alle Formen der Gastritis gilt: sie treten oft gemeinsam mit Durchfall auf. Bei Erbrechen kann ein Fasttag nicht schaden, anschließend empfiehlt sich Schonkost. Verabreichen Sie dem vierbeinigen Patienten statt einer großen mehrere kleine Mahlzeiten täglich.

Magengeschwüre kommen beim Hund häufiger vor als bei der Katze. Die Tiere leiden an chronischem Erbrechen (das Erbrochene kann auch Blut enthalten), beim Abtasten schmerzt die Magengegend. Magengeschwüre entstehen oft als Folge von Streß, aber auch durch bestimmte Medikamente, wie zum Beispiel dem für Tiere gar nicht so harmlosen Aspirin. Auch bei Urämie (Harnvergiftung) bilden sich häufig Magengeschwüre. Das Gefährliche bei Magengeschwüren ist, daß sie in den Bauchraum durchbrechen können.

Leichtere Fälle kann der Tierarzt mit Medikamenten in den Griff bekommen. Ist die Krankheit schon weiter fortgeschritten oder ist es gar schon zum Magendurchbruch gekommen, muß operiert werden.
Katzen sind von *Magendrehungen* höchst selten betroffen, um so häufiger aber Hunde. Besonders anfällig sind große Hunderassen wie Doggen und Schäferhunde, auszuschließen ist die Magendrehung aber auch bei kleinen Hunderassen nicht.
Eine allzu üppige Portion Futter – meist auch noch Nahrung, die lange im Magen liegenbleibt wie zum Beispiel Kutteln – ist Ursache für die Magendrehung. Heftige Bewegungen (Springen) tragen ein übriges dazu bei.
Durch die große Futtermenge erweitert sich der Magen, bläht sich auf und dreht sich schließlich um die eigene Achse. Dabei werden wichtige Blutgefäße abgeklemmt, der Mageninhalt beginnt zu gären und bildet große Mengen von Gasen.
Sie merken das daran, daß Ihr Hund plötzlich «wie ein Luftballon» aufgebläht ist. Beklopft man den Bauch des Tieres, klingt es wie eine Trommel. Die Hunde versuchen zu erbrechen, was ihnen jedoch nicht gelingt, weil der Magen durch die Drehung ja nach beiden Seiten abgeklemmt ist. Innerhalb kürzester Zeit fallen die Tiere in Apathie, der Kreislauf bricht zusammen. Da der Magen durch die abgeklemmten Blutgefäße nicht mit Sauerstoff versorgt werden kann, stirbt er ab – das Tier verendet.
Der Vierbeiner kann nur durch eine sofortige Operation gerettet werden! Bringen Sie den Hund rechtzeitig zum Tierarzt, so wird dieser mit einer Magenpunktion zuerst einmal die Gase ablassen und dann mit einer sofortigen Operation den Magen entleeren und in die ursprüngliche Lage zurückdrehen. Früher war die Gefahr, daß sich der Magen neuerlich dreht, sehr groß. Heute besteht jedoch die Möglichkeit einer dauerhaften Heilung. Bei dem chirurgischen Eingriff wird der Magen mit einem Kunststoffnetz an der Bauchwand befestigt.

Erkrankungen des Darmtraktes

Die für den Tierbesitzer wohl aufregendste Erkrankung des Darmtraktes ist der *Darmverschluß,* der meist bei Hunden, seltener bei Katzen vorkommt und immer Lebensgefahr bedeutet. Im Herbst häufen sich die

Fälle von Darmverschluß – wenn nämlich die Kastanien, ein beliebtes Spielzeug von Hunden, überall umherliegen. Schluckt der Hund die Kastanie oder auch andere Fremdkörper wie kleine Gummibälle, Socken, Steine usw., dann bleiben diese Gegenstände oft im Darmtrakt stecken. Der Darm zieht sich dann krampfartig um den Fremdkörper zusammen. Nahrungsbestandteile stauen sich vor der verschlossenen Stelle auf. Die Tiere haben keinen Appetit und erbrechen in immer kürzeren Abständen und sofort nach Flüssigkeitsaufnahme oder Zwangsfütterung. Obwohl die Vierbeiner immer wieder Stuhlgangsstellung einnehmen und zu pressen versuchen, können sie keinen Kot absetzen.
Tastet der Tierarzt den Mastdarm ab, findet er statt Kot nur glasigen, pappigen Schleim. Auch wenn Sie im Mastdarm Fieber messen, klebt nur dieser Schleim am Thermometer. Auffallend für den Tierbesitzer ist auch das starke Glucksen im Bauch. Innerhalb von ein bis zwei Tagen wird der Hund immer apathischer. Durch das dauernde Erbrechen trocknet der Körper aus, bis schließlich der Kreislauf zusammenbricht und das Tier stirbt.
Den Fremdkörper im Darm spürt der Tierarzt meist schon beim Abtasten. Die endgültige Diagnose stellt er jedoch an Hand einer Röntgenaufnahme. Beim vollständigen Darmverschluß ist die sofortige Operation unerläßlich, um den Fremdkörper zu entfernen und damit das Leben des Hundes zu retten. Nach dem Eingriff erholen sich die vierbeinigen Patienten meist sehr rasch. Bereits nach drei Tagen kann man schon wieder kleine Futtermengen verabreichen.
Wurden sehr kleine Fremdkörper geschluckt, die den Darm nicht ganz verschließen (was selbstverständlich vom Arzt abgeklärt werden muß), empfiehlt es sich, faserreiches, voluminöses Futter (Kartoffeln, Sauerkraut) zu geben, das den Fremdkörper einhüllt und so weitertransportiert.
Ähnliche Symptome wie beim Darmverschluß durch Fremdkörper treten bei der häufigen *Knochenkotverstopfung* auf. Wenn Sie Ihrem Hund in übermäßigen Mengen Knochen verfüttern, sammelt sich im Enddarm trockener, bröckeliger, weißlich-zementartiger Kot an, der auch noch meist mit Knochensplittern durchsetzt ist. Trotz wiederholter, schmerzhafter Versuche gelingt es dem Tier nicht, Kot abzusetzen. Unbehandelt kann die Knochenkotverstopfung zu Darmverschluß führen!

Oben: Zumindest einmal jährlich den Zahnstein entfernen lassen. Unten: Zwei Mahlzeiten täglich braucht die Katze.

Li. oben: Fällt die Katzenmutter in den ersten Lebenswochen aus, kann Muttermilchersatz in speziellen Saugfläschchen verabreicht werden. Re. oben: Katzenbabys werden in der Fruchthülle geboren. Unten: Nicht zu lange mit der Kastration zuwarten, schon im Alter von fünf Monaten können manche Katzen trächtig werden.

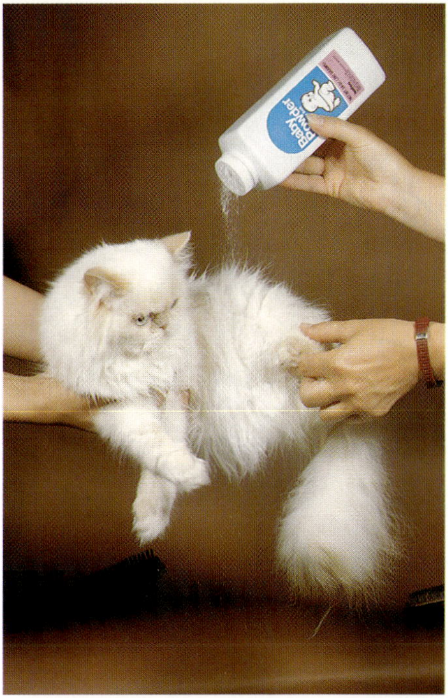

Li. oben: Das regelmäßige Einstäuben mit Babypuder erleichtert die Pflege der Perserkatze sehr. Re. oben: Sowohl Vitamine wie auch die für die Katze lebensnotwendige Aminosäure Taurin können in Pastenform zugeführt werden. Unten: Sehr wichtig für Perserkatzen – das richtige Bürsten, andernfalls entstehen Verfilzungen.

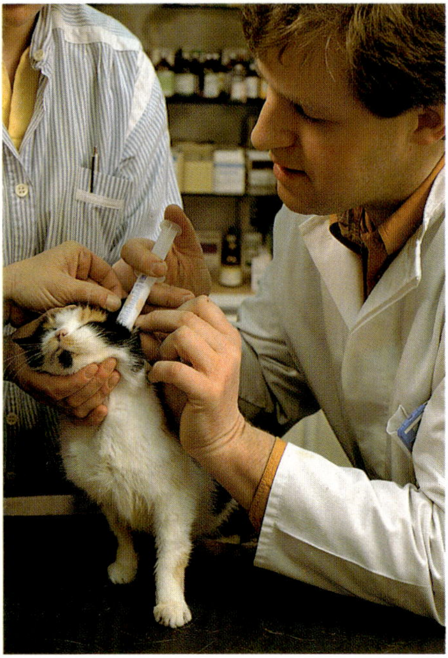

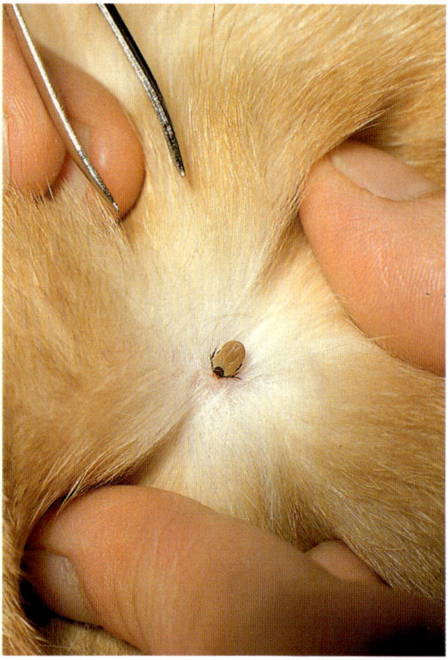

Li. oben: Nach sorgfältiger Reinigung des Gehörganges bis zum Trommelfell füllt der Arzt ein der jeweiligen Krankheit entsprechendes Medikament in den Gehörgang ein. Re. oben: Die Zecke mit Öl oder Nagellackentferner beträufeln und mit einer Pinzette unter einer raschen Drehung entfernen. Unten: Bei jedem Tierarztbesuch sollten die Ohren und auch der Rachen kontrolliert werden.

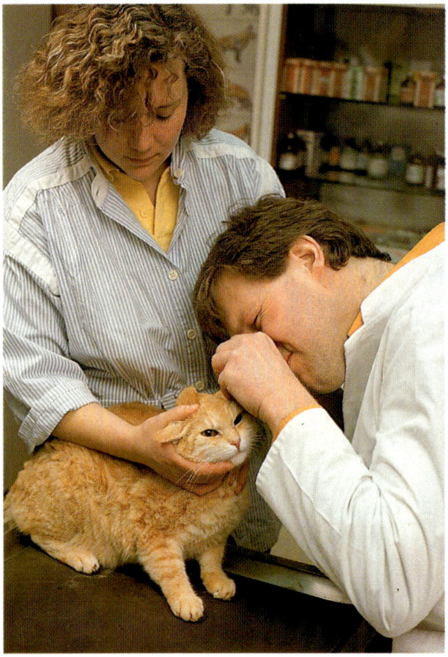

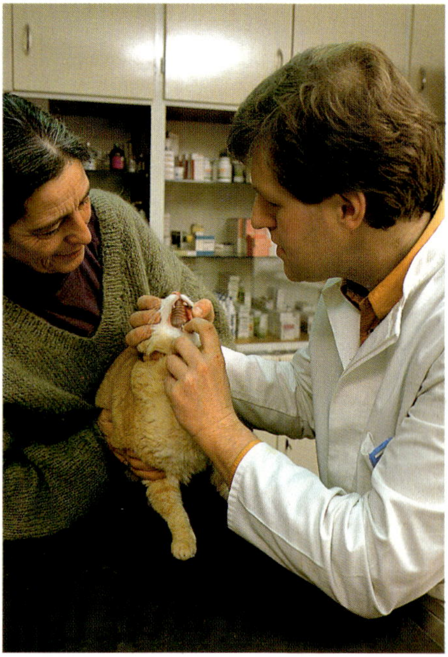

Deshalb sollten Sie nicht lange tatenlos abwarten, da sich eine Knochenkotverstopfung durch Austrocknung von Stunde zu Stunde verschlimmert. Am besten, Sie suchen gleich den Tierarzt auf. Er wird krampflösende Mittel spritzen und Einläufe mit Paraffinöl durchführen, wenn nötig auch unter lokaler Narkose den Enddarm ausräumen.
Nach einer Knochenkotverstopfung sollten Sie Kartoffelpüree und Sauerkraut in größeren Mengen füttern, um den Weitertransport von eventuell noch im Darm zurückgebliebenen Knochenteilchen zu fördern.
Bei langhaarigen Katzen und Hunden kommt es häufig zur sogenannten *«Falschen Verstopfung»,* ausgelöst durch Haare im Afterbereich, die mit dem Kot verfilzen und den Darmausgang verschließen. Diese Verklebungen können so steinhart werden, daß der After regelrecht «zubetoniert» ist. Den armen Tieren ist es unmöglich, Kot abzusetzen. Sie pressen vergeblich und haben arge Schmerzen. Viele Tierbesitzer glauben dann, ihr Hausgenosse habe einen Darmverschluß. Es ist zwar sehr mühsam, aber unumgänglich, die verklebten Haare vorsichtig wegzuschneiden und den After zu reinigen.
Ein häufiger Anlaß für Tierbesitzer, mit ihren vierbeinigen Gefährten einen Arzt aufzusuchen, ist Durchfall. Wobei man zwischen akut entzündlichen, akut nichtentzündlichen und chronischen Durchfällen unterscheiden muß.
Akute entzündliche Durchfälle werden durch Bakterien, Viren, Parasiten oder Gifte ausgelöst. Besonders, wenn der Durchfall blutig ist, muß man unbedingt abklären, ob das Tier Gift gefressen hat. Denn zum Beispiel durch die Substanz Dicumarol (in Rattengift) kommt es zu Blutungen im Magen-Darmtrakt. Aber auch bei Infektionen mit Parvoviren (Katzenstaupe und «Katzenseuche» der Hunde) sind heftige, blutige Durchfälle Begleiterscheinung. Tritt gleichzeitig mit dem Durchfall auch hohes Fieber auf, kann man annehmen, daß es sich um eine Infektionskrankheit handelt.
Akute nichtentzündliche Durchfälle: Falsches, unverträgliches Futter löst diese Form der Durchfälle aus. Sei es, daß die Nahrung zu fett ist, zuviel Zucker oder Milchzucker enthält (viele erwachsene Tiere produzieren nicht mehr genug Enzyme, die Milchzucker spalten, und können den Milchzucker daher nicht mehr verarbeiten) oder zu kalt serviert wird. Aber auch plötzlicher Futterwechsel oder zu große Mengen auf einmal

können Durchfall auslösen. Für nervösen Durchfall gilt dasselbe wie für die nervöse Gastritis.

Chronische Durchfälle sind meist Folge von Erkrankungen der Bauchspeicheldrüse, Leber und Niere. Aber auch hartnäckiger Parasitenbefall und chronische Besiedelung von «schlechten» Bakterien im Darm kommen in Frage (zum Unterschied zu «guten» Darmbakterien, die für geregelte Darmtätigkeit unerläßlich sind). Genaue Blut- und Kotuntersuchungen bringen Klarheit.

Bei jeder Form von Durchfall verlieren die Vierbeiner viel Flüssigkeit, und es besteht die Gefahr von Austrocknung und Kreislaufzusammenbruch. Zwerghunderassen und Katzen trocknen besonders schnell aus! Den Grad der Austrocknung stellt der Tierarzt an Hand der Hautelastizität fest. Sehr oft muß er Infusionen setzen, um die Tiere zu retten.

Bei akutem, plötzlich eingetretenem Durchfall ohne Blutbeimengung und ohne Fieber reicht es manchmal, wenn die Vierbeiner ein bis zwei Tage fasten und für ein paar Stunden keine Flüssigkeit bekommen. Dann gibt man schluckweise leicht gesalzenes Wasser oder Kamillentee. Futter dürfen Sie anfangs nur in ganz kleinen Mengen verabreichen. Eine altbewährte Diätnahrung: Haferschleim mit gesalzener Fleischbrühe zubereiten und in kleinen Portionen über einige Tage verfüttern. Auch mit der Schale geriebene Äpfel und gekochte Karotten werden gut vertragen.

Bei Hunden können Sie auch eine von Kinderärzten empfohlene Diätmaßnahme versuchen: Coca-Cola-Getränk und Salzstangerl. Die beliebte Tierkohle bindet zwar Schadstoffe (wichtig bei Vergiftungen), kann aber den Durchfall nicht stoppen. Ausdrücklich warnen muß man vor Medikamenten, die beim Menschen gegen Durchfall eingesetzt werden. Bei Tieren können sie nämlich giftig wirken!

Jede Diät sollten Sie nach Abklingen der Beschwerden noch einige Zeit fortsetzen, um einen Rückfall zu vermeiden. Dann können Sie langsam auf gewohntes Futter umstellen. Streng verboten sind Innereien wie Niere, Leber und Lunge. Auch Milch und rohe Eier schaden. Kleie unter das Futter gemischt, wirkt sich bei Durchfall günstig aus.

Körperlich anstrengen dürfen sich die kranken Vierbeiner auf keinen Fall. Fieberhafter, blutiger sowie chronischer Durchfall gehört unbedingt in tierärztliche Behandlung!

Erkrankungen der Bauchspeicheldrüse (Pankreas)

Die Bauchspeicheldrüse produziert Pankreassaft, der mit seinen Enzymen (Hilfsstoffen) wesentlich beim Verdauungsvorgang beteiligt ist. Der Pankreassaft wird bei Hund und Katze, wie schon oben erwähnt, nur während der Verdauungsarbeit erzeugt. Im Bauchspeicheldrüsengewebe sind auch noch ganz besondere Zellen inselförmig eingestreut. Diese Inselzellen produzieren das Hormon Insulin, das den Blutzuckerspiegel reguliert, und das Hormon Glukagon, das die Blutzuckerbildung beeinflußt.

Der angeborene *Schwund der Bauchspeicheldrüse (Pankreasatrophie)* bei Schäferhunden tritt bei dieser Rasse ziemlich häufig auf und ist vererbbar. Die Zellen des Bauchspeicheldrüsengewebes werden immer weniger und erzeugen deshalb auch geringere Mengen Pankreassaft, der nicht mehr ausreichend Enzyme für die Fett-, Kohlenhydrate- und Eiweißverdauung liefert. Als Folge davon können nicht mehr genügend Nährstoffe und Vitamine durch die Darmschleimhaut aufgenommen werden, weil die Nahrungsbestandteile nicht entsprechend zerlegt worden sind.

Die Hunde nehmen ab und leiden an hochgradigen, dünnbreiigen Durchfällen. Oft erscheint der Kot wegen des unverdauten Fettes ölig. Der Tierarzt sieht sich einem abgemagerten Hund mit stumpfem Fell gegenüber, der an chronischen Durchfällen leidet. Hundebesitzer berichten dann über geradezu unstillbaren Appetit ihrer Lieblinge, die aber trotz ausreichender Fütterung weiter abnehmen. Auffallend ist auch, daß die Hunde häufig den eigenen Kot fressen.

Die Pankreasatrophie ist unheilbar. Dem vierbeinigen Patienten müssen ein Leben lang die fehlenden Enzyme verabreicht werden. Eine spezielle Diätnahrung, die fettarm sein muß, unterstützt die Therapie. Es gibt spezielle fertige Diäten im Handel. Wenn Sie das Futter selbst zubereiten wollen, eignen sich Reis, Magertopfen, Hüttenkäse, mageres Muskelfleisch (z. B. Huhn) und Becel-Margarine. Auch Vitamine müssen zusätzlich gegeben werden. Füttern Sie das Tier reichlich, aber mit vielen kleinen Portionen über den Tag verteilt. In sehr schweren Fällen besteht noch die Möglichkeit, das Futter «vorzuverdauen»: Mischen Sie die Nahrung vier Stunden vor der Fütterung mit dem vom Tierarzt verordne-

ten Enzympulver gut durch und lassen Sie es bei Raumtemperatur stehen. Auf diese Weise kann man auch schwerkranke Hunde über einen längeren Zeitraum in gutem Zustand halten.
Wenn Ihr vierbeiniger Hausgenosse plötzlich keinen Appetit mehr hat, an heftigem Durchfall und Erbrechen leidet und die sogenannte «Gebetsstellung» einnimmt, besteht Verdacht auf *akute Entzündung der Bauchspeicheldrüse.* Die Tiere nehmen dabei eine Körperstellung ein wie die Moslems beim Gebet: Das heißt, sie legen die Vorderpfoten und den Kopf flach auf den Boden, während sie das Hinterteil hoch in die Luft strecken. Die Bauchdecke ist prall gespannt, der Bauch aufgebläht. Beim Abtasten durch den Arzt empfinden die Tiere Schmerzen. Sie haben Fieber und atmen sehr schnell. Die armen Vierbeiner sind schwach, traurig und benommen, durch die starke Entwässerung bricht schließlich der Kreislauf zusammen.
Die Diagnose des Tierarztes wird durch Laboruntersuchungen und Röntgenaufnahmen gesichert. Mit der Laboruntersuchung stellt man fest, ob das Bauchspeicheldrüsenenzym Lipase auf ein Vielfaches des Normalwertes angestiegen ist.

Normalwert beim Hund: bis 300 U/l
Normalwert bei der Katze: bis 190 U/l

Auch das Enzym Amylase ist dann deutlich erhöht.
Normalwert beim Hund: bis 1900 U/l
Normalwert bei der Katze: 1600 U/l

Voraussagen über den Verlauf der Krankheit sind bei der akuten Pankreasentzündung nur vorsichtig zu stellen, da Bauchspeicheldrüsenabszesse, Veränderungen des Drüsengewebes und Zuckerkrankheit entstehen können. Für die Behandlung der akuten Pankreasentzündung ist es ganz wichtig, daß die Produktion des Pankreassaftes für einige Tage stillgelegt wird. Dies erreicht man durch völligen Nahrungs- und Flüssigkeitsentzug und spezielle Injektionen durch den Tierarzt. Selbstverständlich bekommen die vierbeinigen Patienten während dieses Zeitraums Nährstoffinfusionen verabreicht. Anschließend müssen Sie vorsichtig Diätnahrung in kleinsten Portionen geben. Die Diät ist die gleiche wie bei der Bauchspeicheldrüsenatrophie.

Die Krankheitssymptome bei der *chronischen Entzündung der Bauchspeicheldrüse* sind weniger heftig als bei der akuten Pankreasentzündung. In längeren Abständen leiden die Tiere immer wieder an Verdauungsstörungen mit Erbrechen und Durchfall. Die Laborwerte gleichen jedoch denen der akuten Entzündung. Zwischen den Krankheitsanfällen ist der Gesundheitszustand der Tiere unauffällig. Erst nach längerer Zeit verändert sich das Drüsengewebe, und es kommt zur Umwandlung des Drüsengewebes in Bindegewebe (Zirrhose). Dann magert der vierbeinige Patient auffallend ab. Die chronische Entzündung wird genau so behandelt wie die akute. Der Ausgang der Erkrankung ist stets ungewiß.
Abschließend ist zu bemerken, daß Katzen von Natur aus bevorzugt sind: Sie leiden wesentlich seltener an Erkrankungen der Bauchspeicheldrüse als Hunde.
Die Inselzellen der Bauchspeicheldrüse produzieren Hormone, vor allem Insulin, das den Blutzuckerspiegel reguliert. Ist die Insulinbildung gestört, kommt es zum Insulinmangel und damit zur *Zuckerkrankheit (Diabetes mellitus)*. Beim Menschen gibt es auch noch andere Formen der Zuckerkrankheit, bei Tieren kommt fast nur Insulinmangel-Diabetes vor.
Die Zuckerkrankheit ist eine der häufigsten hormonellen Störungen überhaupt. Sie tritt bei Hunden und Katzen hauptsächlich im mittleren bis fortgeschrittenen Lebensalter auf. Bestimmte Hunderassen wie Dackel, Pudel und Terrier leiden besonders häufig an Zuckerkrankheit. Da auch die Geschlechtshormone als Gegenspieler des Insulins wirken können, bekommen unkastrierte Hündinnen häufiger Diabetes als Rüden. Bei Katzen hält sich die Krankheitshäufigkeit zwischen männlichen und weiblichen Tieren die Waage. Mit zuckerkranken Tieren sollte man nicht züchten, weil eine erbliche Veranlagung für dieses Leiden anzunehmen ist.
Als erste Zeichen einer Zuckerkrankheit merken Sie, daß Ihr Hausgenosse viel trinkt, sehr viel Harn absetzt und matt und müde wirkt. Obwohl die Tiere ausreichend fressen, verlieren sie an Gewicht. Sie trocknen aus und beginnen zu erbrechen. Das Fell glänzt nicht mehr.
Der Tierarzt stellt bei der Untersuchung eine vergrößerte Leber und mit einem Teststreifen die Ausscheidung von Zucker im Harn fest. Die Zuckerausscheidung ist auch Grund für das erhöhte Harnvolumen. Die Diagnose wird schließlich durch die Bestimmung des Blut-

zuckerspiegels im Blut gesichert. Der Normalwert liegt bei Hunden zwischen 56 und 96 mg/dl, bei Katzen zwischen 60 und 100 mg/dl. Auch die Enzymwerte der Leber sind bei Diabetes meist erhöht.
Zuckerkrankheit zieht auch andere Organe wie Herz, Leber, Nieren und Nervensystem in Mitleidenschaft. Diabetes kann zum Beispiel Grauen Star verursachen. Unbehandelt verschlimmert sich das Leiden rasch. Schließlich fällt das Tier ins Koma und stirbt.
Wenn Ihr Hausgenosse Diabetes hat, müssen Sie sich darüber im klaren sein, daß er lebenslange Behandlung braucht. So müssen dem Tier täglich Insulininjektionen verabreicht werden. Das Futter muß genau auf die Bedürfnisse des kranken Tieres abgestimmt sein: eiweißreich, viele Rohfasern, wenig Kohlenhydrate und wenig Fett. Als Fleisch eignet sich gekochtes Huhn und Lamm. Da übergewichtige Vierbeiner schwer auf eine geeignete Dosis Insulin einzustellen sind, ist vorsichtige Gewichtsreduktion unter Aufsicht des Arztes notwendig. Die richtige Insulindosis wird immer wieder durch Untersuchung von Blut- und Harnzucker kontrolliert. Ein wenn auch nicht ganz so wissenschaftlich belegtes Zeichen für die richtige Insulin-Einstellung ist das Nachlassen des übermäßigen Durstes.
Viele Tierbesitzer haben Angst davor, ihrem Liebling täglich selbst die Insulinspritze zu verabreichen. Diese Angst ist unbegründet. Die Injektion wird nämlich unter die Haut gegeben. Da die Haut bei Hund und Katze sehr locker «sitzt», ist es kein Problem, eine Hautfalte anzuheben und hineinzustechen. Außerdem ist die Nadel der Insulinspritze hauchdünn. Die Tiere spüren den Stich kaum. Nach kurzer Zeit bringen die Vierbeiner die Insulinspritze mit der bald darauf folgenden Fütterung in Zusammenhang und lassen die Injektion ruhig über sich ergehen.
Da sich die benötigte Insulindosis auch nach der Einstellung noch ändern kann (zum Beispiel bei Gewichtsverlust), ist es für Tierbesitzer wichtig, über die Symptome einer Insulinüberdosierung Bescheid zu wissen. Der Blutzuckerwert sinkt dann nämlich unter den normalen Wert ab. Die Tiere sind schwach, zittern, verfallen in Krämpfe bis hin zu Bewußtlosigkeit. Dann müssen Sie sofort reagieren. Entweder Sie schmieren dem Hausgenossen Honig ins Maul oder lösen einen Teelöffel Glukosepulver in Wasser auf und flößen es ihm ein.

Das hebt den Blutzuckerspiegel wieder an. Wenn Sie bereit sind, mitzuarbeiten, kann auch ein zuckerkrankes Tier noch viele absolut lebenswerte Jahre verbringen.

Leberkrankheiten

Die Leber ist die größte Drüse im Körper. Sie ist das wichtigste Organ für den Stoffwechsel. Man kann sie auch als Zentrallaboratorium oder chemische Fabrik des Organismus bezeichnen. Sie liegt zwischen Zwerchfell und Eingeweiden. Bei Hund und Katze besteht sie aus sechs Lappen, in deren Mitte die Gallenblase liegt, und besitzt drei Gefäßsysteme für Blut, Lymphflüssigkeit und Galle.

Die Aufgaben der Leber sind vielseitig. So ist sie einmal verantwortlich für die Absonderung der Galle, die in der Gallenblase gespeichert und eingedickt wird. Die wichtigsten Bestandteile der Galle sind Gallensäuren, die mit ihren Enzymen (Hilfsstoffen) die Fett-, Eiweiß- und Kohlenhydrate-Verdauung ermöglichen. Die Ausschüttung der Galle wird durch Fett in der Nahrung ausgelöst und durch Hormone reguliert.

In der Leber werden Kohlenhydrate in Form einer Vorstufe des Zuckers gespeichert und bei Bedarf in Zucker umgewandelt und ins Blut abgegeben.

Weiters wandelt die Leber das durch Verdauungsvorgänge im Darm gebildeten Ammoniak in Harnstoff um, der über die Nieren ausgeschieden wird.

In der Leber werden Vitamine, Spurenelemente und Blut gespeichert. Sie ist für die Entgiftung des Organismus zuständig und außerdem für die Produktion von Blutgerinnungsbestandteilen wichtig.

Da die Leber so viele Funktionen in unserem Organismus zu erfüllen hat, können sich Lebererkrankungen auf verschiedenste Weise äußern. Außerdem hat die Leber ein sehr großes Regenerationsvermögen. Das bedeutet, Krankheitssymptome treten erst auf, wenn bereits 70 bis 80 Prozent der Leberzellen ausfallen, also bereits schwere Schäden entstanden sind. Ist die Leberfunktion gestört, sind auch Magen, Darm, Bauchspeicheldrüse, Nieren und das Zentralnervensystem betroffen, weil sie mit der Leber «zusammenarbeiten».

Bei Leberschäden machen die Tiere einen schlappen, müden und depressiven Eindruck. Sie haben keinen Appetit, aber dafür großen Durst.

Sie erbrechen häufig und leiden an Durchfällen, die oft wegen fehlendem Gallenfarbstoff charakteristisch hellgrau sind, während sich der Harn extrem dunkel färbt. Die Vierbeiner magern ab, zeitweise bekommen sie auch Fieber. Lidbindehäute und Mundschleimhaut können gelb verfärbt sein. Selbst kleine Verletzungen bluten sehr stark. Leberkranke Tiere leiden auch unter Juckreiz.

Dem Tierarzt stehen für die Diagnose von Lebererkrankung eine Vielzahl von Methoden zur Verfügung: Die Untersuchung auf Gelbsucht, Bauchwasser und Leberdruckschmerz. Mit Hilfe von Röntgen und Ultraschall kann er eine Lebervergrößerung oder -verkleinerung feststellen. Besonders wichtig bei Verdacht auf Leberkrankheiten sind Laboruntersuchungen. Je nachdem, wie stark die Enzyme SGOT, SGPT und AP (so werden sie im Befund angeführt) und der Gallenfarbstoff Bilirubin erhöht sind, kann man Rückschlüsse auf die Art der Leberzellschädigung ziehen. (Der AP-Wert hat bei der Katze geringere Bedeutung als beim Hund. Denn bei der Katze ist dieser Wert erst bei einer sehr schwerwiegenden Leberstörung erhöht.)

Außerdem werden noch Harnwerte und weitere Blutwerte wie Harnstoff, Zucker, Blutsenkung usw. bestimmt, um eine sichere Diagnose zu stellen. Manchmal ist auch eine Leberpunktion notwendig, um die Art der Leberzellschädigung festzustellen.

Ursachen für *Lebervergrößerungen* können sein: Rechtsherzversagen (siehe Kapitel Herzerkrankungen), das zur sogenannten Stauungsleber führt, Leberverfettung als Folge von Zuckerkrankheit oder sehr fett- und kohlenhydrathaltiges Futter, Infektionen, Tumoren und Vergiftungen mit Phosphor, Arsen, Chloroform.

Als Ursachen für *Leberverkleinerung* gelten ein sehr schlechter Ernährungszustand oder Leberzirrhose (narbig-höckrige Wucherungen im Drüsengewebe).

Bei Leberstörungen unterscheidet man Krankheiten mit Gelbsucht (und daher ungünstigerem Krankheitsverlauf) und Erkrankungen ohne Gelbsucht.

Gelbsucht kann aus drei verschiedenen Gründen entstehen:

Am häufigsten ist jene Form der Gelbsucht, die direkt durch die Schädigung der Leberzellen entsteht.

Die zweite Form der Gelbsucht entsteht durch massenhaften Zerfall von roten Blutkörperchen und überschießende Bildung von Gallenfarbstoff (Bilirubin), so daß die Leberzellen nicht mehr imstande sind, das Bilirubin zu verarbeiten. Es kreist dann in großen Mengen mit dem Blut im Körper. Das kann bei Vergiftungen mit Lorcheln (Pilz) passieren oder durch bestimmte Blutparasiten, z. B. die Übertragung von Babesiose durch die Braune Hundezecke (siehe Kapitel Parasiten).

Schließlich kann Gelbsucht dadurch entstehen, daß entzündliche Schwellungen der Schleimhaut in den Gallengängen, Steine (was bei Hund und Katze aber sehr selten vorkommt) oder Tumoren die Wege, welche die Gallenflüssigkeit ableiten, verschließen. Die Galle wird zurückgestaut und gelangt ins Blut.

Für Lebererkrankungen kommen viele Ursachen in Frage. So erleidet die Leber im Verlauf bestimmter Infektionskrankheiten Schaden. Zum Beispiel durch die Stuttgarter Hundeseuche (Leptospirose) oder die ansteckende Leberentzündung (siehe Kapitel Infektionskrankheiten). Bei Katzen führt hauptsächlich die Feline infektiöse Peritonitis (ansteckende Bauchfellentzündung) zu entzündlichen Veränderungen der Leber. Wie schon bei der Gelbsucht erwähnt, sind oft Vergiftungen für massive Leberschäden verantwortlich. Auch giftige Zerfallsprodukte, die bei Darmerkrankungen auftreten können, oder giftige Abfallprodukte bei Nierenversagen oder Störungen im Eiweiß-, Kohlenhydrat- und Fettstoffwechsel führen nicht selten zu Lebererkrankungen.

Eine häufige Stoffwechselstörung bei dicken Katzen ist die *Leberlipidose* (Leberverfettung). Die Samtpfoten hören plötzlich auf zu fressen, erbrechen, setzen kaum noch Kot ab und fühlen sich deutlich schlecht. Aus noch ungeklärter Ursache «ordnet» der Organismus die Verlagerung des Fettes aus den Fettgewebedepots in die Leberzellen an, die dadurch ihren Aufgaben nicht mehr gerecht werden können. Der Krankheitsverlauf ist denkbar ungünstig. Etwas besser sind die Prognosen bei der Leberverfettung als Folge von Zuckerkrankheit.

Durchblutungsstörungen der Leber können zu Schädigungen im Gehirn führen. Der Grund dafür ist, daß bestimmte Substanzen wegen der schlechten Durchblutung in der Leber nicht verarbeitet werden. Die Gifte geraten mit dem Stoffwechsel ins Gehirn und verursachen Depressionen, Drangwandern, Blindheit, Bewegungsstörungen und epileptische Anfälle. Die Behandlungsaussichten sind nicht sehr gut.

Alle Erkrankungen der Leber, die nicht geheilt werden können, enden früher oder später mit Leberzirrhose und irreversiblem Leberversagen, was zu Leberkoma (vollkommene Hinfälligkeit und ständiges Erbrechen), Kreislaufversagen und Tod führt.

Die Therapie bei Lebererkrankungen ist darauf ausgerichtet, die Grundkrankheit zu behandeln und durch intensive begleitende Maßnahmen die Selbstregeneration der Leberzellen zu unterstützen. Körperliche Ruhe ist wichtig, weil dadurch die Leber besser durchblutet wird. Dicke Tiere müssen unbedingt abnehmen. Das Futter für leberkranke Vierbeiner soll wenig Eiweiß und Fett, dafür mehr Kohlenhydrate und Rohfasern enthalten. Empfehlenswert sind auch entsprechende Fertigdiäten.

9

Nieren- und Harnwegserkrankungen

Zum Harnapparat zählt man die beiden Nieren, die Harnleiter – sie sind die Verbindung zwischen Nieren und Harnblase – die Harnblase und die Harnröhre. Wenn Sie Ihrem Tier genügend Aufmerksamkeit schenken, fallen Ihnen Veränderungen von bestimmten Verhaltensweisen schnell auf. Und je rascher und genauer Sie Ihrem Tierarzt Ihre Beobachtungen schildern können, desto leichter kann er die Diagnose stellen. Gerade bei den Harnwegserkrankungen sind Ihre Informationen für den Tierarzt sehr wichtig. Einige typische Merkmale wollen wir Ihnen erklären.

Vermehrter Durst – vermehrter Harnabsatz

Wenn Ihr Liebling ungewöhnlich viel trinkt und auch entsprechend verstärkt Harn absetzt, sind das meist erste Anzeichen für eine Erkrankung im Harntrakt. Vermehrter Harnabsatz ist häufig auch ein Frühsymptom für Niereninsuffizienz (gestörte Nierenfunktion).

Krankhaft verminderter oder kein Harnabsatz

Unter anderem bei akuter Nierenentzündung, nach schweren Blutverlusten oder bei Vergiftungen durch Frostschutzmittel, Arsen, Blei und Phosphor scheidet das Tier kaum oder gar keinen Harn mehr aus.

Unvermögen, Harn abzusetzen

Wenn das Tier ausscheiden möchte, aber kein Harn abrinnt, sind die Harnwege vermutlich durch Steine oder Verwachsungen in der Harnröhre verschlossen. Man unterscheidet auch noch das sogenannte scheinbare Unvermögen, Harn abzusetzen. Das kann zum Beispiel nach Unfällen vorkommen, wenn Blase oder Harnröhre gerissen sind.

Harnverhaltung

Kann die Folge eines Krampfes oder einer spastischen Lähmung des Blasenschließmuskels sein.

Harnzwang

Darunter versteht man den Drang zum Harnlassen, was mit Schmerzen verbunden ist. Der Harn geht meist nur tropfenweise ab. Der Harnzwang tritt häufig bei Tieren mit Blasenentzündung, Blasentumor und Steinen, die die ableitenden Harnwege verlegen, aber nicht ganz verschließen, auf. Er kann aber auch psychisch bedingt sein.

Paradoxe Harnverhaltung

Bei Blasenlähmung tröpfelt der Harn nur aus der überfüllten Blase. Man spricht dann auch von «falscher Inkontinenz».

Harninkontinenz oder Harnträufeln

Wenn Hund oder Katze die willkürliche Kontrolle über ihren Harnabsatz verlieren, spricht man von «echter Inkontinenz». Unter dem Harnträufeln leiden manchmal kastrierte Hündinnen und Vierbeiner mit Rückenmarkserkrankungen oder Schließmuskelschwäche.

Blutharnen

Ein weiteres Symptom, das aufmerksamen Tierbesitzern auffällt, ist das Blutharnen. Für den Tierarzt ist wichtig zu wissen, zu welchem Zeitpunkt des Harnlassens das Blut beigemengt ist. Merken Sie zu Beginn des Harn-

lassens Blutbeimengung, so spricht dies für eine Blutung zwischen Blasenhals und Harnröhre. Kommt das Blut vorwiegend am Schluß, deutet das auf eine Blutung in der Harnblase hin (zum Beispiel durch eine starke Entzündung). Ist von Anfang bis Ende des Harnlassens gleichmäßig Blut beigemengt, sind vermutlich die Nieren erkrankt. Blutet das Tier unabhängig vom Harnlassen, so kann das Blut nur aus Harnröhre, Vorhaut, Prostata, Scheide oder Gebärmutter (Läufigkeit!?) stammen.
Der häufigste Grund für Blut im Harn sind Erkrankungen der Harnblase und Harnröhre durch Steine, Entzündungen, Tumoren und Verletzungen. Seltener sind Nierenschäden die Ursache. Diese können die Folge von Infektionen (z. B. Leptospirose), Vergiftungen (z. B. Rattengift), Unfällen, Tumoren, Parasiten (z. B. die durch Hundezecken übertragene Babesiose) und Entzündungen sein.
Von «falschem Blutharnen» spricht man, wenn der Harn zum Beispiel durch Arzneimittel oder nach einem Unfall, wenn bei einem sogenannten Muskeltrauma roter Blutfarbstoff freigesetzt wird, rot gefärbt ist.

Verhaltensstörungen wirken sich oft auf den Harnapparat aus

Vor allem bei Katzen wirken sich «seelische Probleme» auf den Harnapparat aus. Viele Monate oder Jahre ist alles gutgegangen: Die Katze hat ihre großen und kleinen Geschäfte brav im «Kisterl» (Katzentoilette) verrichtet und verscharrt. Eines Tages benutzt die Samtpfote dafür plötzlich einen anderen Platz, manchmal sogar knapp neben ihrer Katzentoilette. Für Sie stellt sich nun die Frage: Ist die Katze krank oder gekränkt?
Zuerst einmal müssen Sie feststellen, ob sie mit dem Harn nur markiert hat oder ob es sich um normales Urinieren handelt. Wenn sie markiert, bleibt sie beim Harnlassen mit gestreckten Hinterbeinen stehen, der zuckende Schwanz wird aufrecht gehalten. Manchmal tritt sie auch mit den Hinterpfoten auf der Stelle. Auf diese Weise werden geringe Mengen Harn nach rückwärts gespritzt und so Wände, Vorhänge, Türen, Möbel usw. markiert. Dieses Verhalten findet man häufig bei unkastrierten Katern, die damit «ihr Revier» abgrenzen wollen. Aber auch kastrierte Tiere zeigen dieses Verhalten im Konkurrenzkampf. Wenn eine zweite Katze im Haushalt lebt, mit der sie sich nicht vertragen. In diesem Fall

wird man wohl für eine der beiden Katzen ein neues Zuhause finden müssen, um zu verhindern, daß die Samtpfoten im Dauerstreß stehen.
Schwieriger ist es, Abhilfe beim normalen Urinieren außerhalb der Katzentoilette zu finden. Die Menge des abgesetzten Urins ist hier viel größer. Die Katze uriniert in hockender Stellung und kratzt vorher und nachher mit den Pfoten. Zwei Gründe können die Ursache sein: Entweder ist der Harnapparat erkrankt (vor allem Harnblase und Harnröhre), dann schmerzt das Harnlassen oft, und die Tiere verbinden die Schmerzen mit dem Katzenklo. Deshalb versuchen sie einen anderen Platz zu finden, an dem vielleicht das schmerzlose Urinieren möglich ist. Es ist also sehr wichtig, daß der Arzt feststellt, ob etwa eine Blasenentzündung oder Harnsteine die Ursache sind. Erst wenn feststeht, daß die Katze wirklich gesund ist, muß man an die zweite Möglichkeit denken: Eine Neurose als Ursache des Urinierens außerhalb der Katzentoilette. Denn Samtpfoten sind sehr sensible Hausgenossen. Ihren Protest gegen Veränderungen in ihrer Umgebung drücken sie häufig mit Unsauberkeit aus.
Nun liegt es an Ihnen, den Grund dafür zu finden. Hier einige Denkanstöße: Vielleicht lebt ein neuer Mensch in Ihrem Haushalt, weil Sie ein Baby bekommen haben oder einen Gast beherbergen? Haben Sie neue Möbel oder Teppiche angeschafft? Hat sich der Tagesablauf für die Katze geändert, weil Sie Ihr Leben verändert haben? Muß die Katze «ihr Revier» mit einem neuen Hausgenossen teilen, oder ist ihr Auslauf eingeschränkt worden?
Relativ einfach ist die Lösung des Problems, wenn das Katzenklo nicht oft genug gereinigt wurde – Katzen sind da sehr heikel – oder der Samtpfote das Katzenstreu nicht zusagt. Doch oft ist die Ursache nicht so leicht zu finden und abzustellen. Dann ist Geduld angesagt! Am besten, Sie beachten das ungehörige Verhalten gar nicht und putzen den «Stein des Anstoßes» kommentarlos weg. (Streng verboten ist es, das Tier zu schlagen oder die Schnauze ins Malheur zu tunken.) Wasser und Essig, zu gleichen Teilen gemischt, eignen sich zum Reinigen am besten. Empfehlenswert ist es auch, die gereinigte Stelle mit etwas «Katzenfernhaltespray» oder Zitronensaft zu behandeln. Denn Katzen verabscheuen den Geruch von Zitrusfrüchten.
Füttern Sie Ihren Liebling etwas weniger und beschäftigen Sie sich ausdauernd und liebevoll mit ihm. Das beruhigt die Katze. Bei einfühlsa-

mem Umgang mit dem Tier besteht berechtigte Hoffnung, daß sie ihre «Unart» ablegt und sich ihr Verhalten wieder normalisiert. Wenn das alles nichts hilft, kann man im äußersten Notfall mit Medikamenten (dazu zählen Beruhigungsmittel) behandeln, was aber umstritten ist und nur kurzfristig durchgeführt werden soll.

Größere Harnsteine

Von allen Haustieren ist die Katze am meisten durch Harnsteinbildunggefährdet. Dies deshalb, weil der Harn bei der Katze besonders stark eingedickt ist. (Bei der Steinbildung spielen aber auch psychische Faktoren eine nicht unwesentliche Rolle.) Die Steine bilden sich vor allem dann, wenn der Vierbeiner zuwenig Möglichkeit hat, regelmäßig Harn abzulassen. Katzenklos in verschiedenen Räumen sind da besonders empfehlenswert.

Auch Infektionen können die Steinbildung begünstigen. So sind etwa Katzenschnupfen-Viren oft an der Entstehung eines Blasenkatarrhs beteiligt und in der weiteren Folge auch an der Bildung von Steinen.

Sind die Steine nicht allzu groß, rutschen Sie in die Harnröhre und verstopfen sie. Der Harn kann nicht abfließen, staut sich bis in die Nieren und schädigt schließlich das Organ. Hier muß der Tierarzt rasch helfen. Er wird zuerst versuchen, den Stein durch Spülungen auszuschwemmen. Ist dies nicht möglich, bleibt nur noch die Operation. Ohne Operation führt der Harnstau zur Urämie (Harnvergiftung), an der die Katze stirbt.

Große Steine bleiben in der Blase liegen und führen zu chronischer Blasenentzündung. Oder sie verschließen den Blasenausgang, dann treten dieselben Folgen wie oben beschrieben ein. Leidet das Tier immer wieder an Blasenentzündung, sollte mit Röntgen oder Ultraschall festgestellt werden, ob Steine die «Übeltäter» sind. Der Verdacht auf Steine erhärtet sich dann, wenn die Katze extrem oft ihr «Kisterl» aufsucht – oft bis zu dreißigmal am Tag. Auch wenn über einen längeren Zeitraum Blut mit dem Harn abgeht, oder wenn die Katze Schmerzen beim Heben der Flanken oder im Bauchbereich hat, besteht ebenfalls Verdacht auf Steine. Wenn der Harn im fortgeschrittenen Stadium nicht mehr abfließen kann, beginnt die Katze zu speicheln, reißt die Augen weit auf und schaukelt mit dem Kopf. Wenn nun nicht unverzüglich der Arzt aufgesucht wird, stirbt die Katze.

Das Feline urologische Syndrom

Das Feline urologische Syndrom, kurz FUS genannt, ist leider eine sehr häufige Gesundheitsstörung bei Katzen. Dazu zählen Erkrankungen der Harnblase und Harnröhre, und zwar Entzündungen, Steinbildungen und Verstopfungen der Harnröhre. Das Urinieren wird erschwert, dem Harn ist Blut beigemengt. Kater sind wesentlich mehr gefährdet als weibliche Katzen. Die Begründung dafür: Der Kater hat eine längere und engere Harnröhre, die sich zur Penisspitze hin verengt und daher für Verstopfungen anfälliger ist. Beim weiblichen Tier ist die Harnröhre kürzer und dehnbarer, so daß Harngrieß (Harnsand) leichter mit dem Urin abgeht.

Zuerst fällt dem Tierbesitzer auf, daß die Katze sehr oft ihr «Kisterl» aufsucht und vergeblich probiert, Harn abzusetzen, oder der Harn, dem Blut beigemengt ist, geht nur tropfenweise ab. Bei weiblichen Tieren sind meist Blasensteine schuld, bei Katern Harngrieß, der sich in der Harnröhre aufstaut. Als Reaktion auf die Reizung durch den Harnsand bildet die Schleimhaut der Blase und Harnröhre eine organische Substanz, die wie ein Bindemittel wirkt und mit dem Harnsand einen pastenförmigen Pfropfen in der Harnröhre bildet. Kann der Harn nicht mehr abfließen, bekommt der Kater arge Schmerzen und erbricht sogar manchmal. Allerhöchste Zeit, den Tierarzt aufzusuchen, der den Verschluß beseitigt, sonst stirbt der Vierbeiner an Urämie (Harnvergiftung).

Meist bestehen Harngrieß und Steinchen beim Felinen urologischen Syndrom aus Struvit. Dies ist eine Substanz, die unter anderem auch Magnesium und Phosphor enthält. Deswegen kann man mit einer magnesium- und phosphorarmen Diät der Sand- und Steinbildung entgegenwirken. Es ist auch bekannt, daß wenig Bewegung, zuwenig Flüssigkeitszufuhr und Übergewicht die Entstehung des FUS begünstigen. Wenn eine Katze einmal erkrankt gewesen ist, neigt sie immer wieder zu Rückfällen. Um dies zu verhindern, sollten Sie die Katze über einen längeren Zeitraum – wenn nötig jahrelang – mit Diätnahrung (beim Tierarzt erhältlich) füttern. Dieses Futter hat auch einen höheren Wassergehalt. Dadurch wird die Niere besser durchspült. Zusätzlich muß immer

Wir dürfen in die Natur, denn wir sind gegen Tollwut geimpft!

Oben: Ganz wichtig in der Säugeperiode ist die Verabreichung von Kalzium an die Mutter, am besten beginnt man damit schon während der Trächtigkeit. Unten: An den behaarten Ohren verfangen sich leicht Grannen, die dann in den Gehörgang wandern.

Li. oben: Zunehmend beliebt: der Westhighland-Terrier. Re. oben: Noch hält es die Wirbelsäule aus. Aber Dackel neigen zum Bandscheibenvorfall. Unten: Spiel und Bewegung hält fit.

Oben: Damit die Ohren nicht ins Futter baumeln: ein selbstgehäkelter Ohrenschutz (auch alte Strümpfe eignen sich dafür). Unten: Ungestörter Schlaf ist für eine gesunde Entwicklung sehr wichtig.

Trinkwasser in ausreichender Menge zur Verfügung stehen! Sorgen Sie außerdem für ausreichende Bewegung des Tieres, und verhindern Sie, daß es zu dick wird.

Chronische Nierenerkrankungen bei der Katze

Meist ist die Ursache für chronische Nierenerkrankungen nicht wirklich festzustellen, weil sie schleichend verlaufen und Tierbesitzer ihren Liebling logischerweise erst dann zum Arzt bringen, wenn Symptome auftreten. Dann ist die Krankheit allerdings meist schon im fortgeschrittenen Stadium. Denn die Niere ist ein Organ, bei dem gesunde Teile die Funktion kranker übernehmen. Das heißt, sie hat eine große Funktionsreserve. Erst wenn diese erschöpft ist, äußert sich das in Krankheitsanzeichen.

Zuerst setzt die Katze verstärkt Harn ab, mit zunehmender Verschlechterung jedoch weniger. Die Katze wird matt, verliert den Appetit, erbricht häufig (manchmal ist Blut beigemengt) und leidet an chronischen Durchfällen. Der Übergang zur Urämie («Harnvergiftung») ist fließend. Die Urämie ist lebensgefährlich. Das Tier bewegt sich kaum noch, die Hautelastizität ist verlorengegangen. Es leidet an Krämpfen, Zittern, Juckreiz und epileptischen Anfällen. Das Fell ist struppig und stumpf. Es bilden sich geschwürige Entzündungen an der Mundschleimhaut, und aus dem Maul dringt typischer Harngeruch (nach Ammoniak). Wenn Sie die Katze erst im Endstadium zum Tierarzt bringen, ist sie leider meist nicht mehr zu retten. Deshalb sollten Sie Ihren Gefährten regelmäßig zur Vorsorgeuntersuchung bringen. Durch Laboruntersuchungen stellt der Tierarzt rechtzeitig fest, ob die Nierenfunktion nachläßt, und kann dementsprechend behandeln.

Akutes Nierenversagen bei der Katze (Schockniere)

Darunter versteht man das plötzlich auftretende Nierenversagen, das auch bis zur Urämie führen kann, aber, rechtzeitig erkannt, heilbar ist. Akutes Nierenversagen ist meist die Folge von Kreislaufversagen nach großen Flüssigkeitsverlusten durch Erbrechen und Durchfälle (zum Bei-

spiel Katzenseuche) oder nach Vergiftungen mit Rattengift (Dicumarol) durch innere Blutungen.
Im Gegensatz zum chronischen Nierenversagen wird beim akuten Verlauf zuerst wenig oder gar kein Harn abgesetzt. Erst im weiteren Verlauf scheidet die Katze wieder vermehrt Harn aus, was sich im Verlauf der Genesung wieder normalisiert.

Hund

Erste Anzeichen von Nierenproblemen äußern sich auch beim Hund oft mit starkem Durst und vermehrtem Harnabsatz. Typisch ist, daß nierenkranke Tiere einen Buckel machen. Auch Schmerzen in der Lendengegend oder im Bauchbereich treten häufig auf.

Akutes Nierenversagen beim Hund

Hier gilt das für die Katze Gesagte. Akutes Nierenversagen tritt bei Hunden häufig nach Frostschutzmittel-Vergiftungen auf.

Chronische Nierenerkrankungen beim Hund

Auch hier gilt das für die Katze Gesagte. Zusätzlich kann chronisches Nierenversagen beim Hund auch die Folge von Leptospirose (siehe bakterielle Erkrankungen) sein.

Entzündungen der ableitenden Harnwege

Unter den ableitenden Harnwegen versteht man Harnleiter, Blase und Harnröhre. Vor allem bei älteren Hündinnen treten wegen der kurzen Harnröhre weiblicher Tiere und geschwächter Körperabwehr im Alter leicht Entzündungen auf. Sie merken das an Störungen beim Harnlassen wie Harndrang, tropfenweisem Urinabsatz und eventuell Blutbeimengung im Harn. Ursache sind meist Infektionen, die durch die Harnwege aufsteigen.

Neubildungen (Tumoren) in der Harnblase

Ursache für Blasenentzündungen und Blutungen, die sich durch Medikamente nicht behandeln lassen, können auch sogenannte Neubildungen in der Harnblase sein. Dabei muß man zwischen gutartigen Wucherungen, Polypen und bösartigen Tumoren unterscheiden. Wucherungen und Polypen kann der Arzt chirurgisch entfernen. Bei bösartigen Tumoren, besonders am Blasenhals, muß man leider daran denken, das arme Tier einschläfern zu lassen, weil kaum Aussicht auf Heilung besteht.

Harnsteine

Die Zusammensetzung der Harnsteine ist für die Wahl des Diätfutters wichtig und hängt zu einem gewissen Teil auch von der Rasse ab. So neigen Dackel- und Bassetrüden zu Zystinsteinen, Dalmatiner zu Urat- und Schnauzer zu Struvitsteinen.
Am häufigsten bilden sich Steine in der Blase, die bei der Ausschwemmung in die Harnröhre vor allem bei Rüden zu Verstopfung der Harnröhre führen. Denn Rüden haben nämlich eine lange, gebogene Harnröhre und als weiteres Durchgangshindernis den Penisknochen. Die Symptome der verstopften Harnröhre sind die gleichen wie schon beim Kater beschrieben. Steine in der Harnröhre können auch mit dem Ultraschallgerät zertrümmert werden.
Blasensteine werden meist operativ entfernt, weil nicht alle Steinarten mit Medikamenten aufgelöst werden können und die genaue Bestimmung der Steine erst nach der Freisetzung möglich ist.
Um weiterer Steinbildung vorzubeugen, wird der Arzt je nach Steinart verschiedene Diäten und vorbeugende Medikamente, die über einen längeren Zeitraum zu verabreichen sind, verordnen.
Nierensteine treten bei Hunden äußerst selten auf.

10

Erkrankungen der Geschlechtsorgane

Bei der Hündin

Die Scheinträchtigkeit

Wenn die Hündin plötzlich Kissen und Spielsachen durch die Wohnung trägt, Polstermöbel zerreißt und sich ein Nest bauen will – sich also so benimmt, als stünde sie kurz vor der Geburt, obwohl Sie sicher wissen, daß Sie sich mit keinem Rüden eingelassen hat, dann ist sie scheinträchtig. Meist leidet sie auch an Appetitmangel und hat keine Lust auf ihren sonst so geliebten Spaziergang. Immer wieder berichten Besitzer über das seltsame Benehmen ihres Lieblings. Und auch äußerlich verändert sich die Hündin: Das Gesäuge schwillt an, oft tropft sogar Milch aus den Zitzen.

Die Scheinträchtigkeit ist eine hormonelle Erkrankung, bei der die Milchbildung angeregt wird, ohne daß die Hündin trächtig ist. Wochen, ja sogar Monate kann dieser Zustand andauern, der den Vierbeiner sehr belastet. Wird nicht rechtzeitig behandelt, kann sich die Milch stauen, wodurch sich die Milchdrüsen leicht entzünden und zu einem Abszeß führen, das dann nur noch operativ entfernt werden kann.

Um der Hündin das alles zu ersparen, sollten Sie gleich bei den ersten Anzeichen den Tierarzt aufsuchen. In leichteren Fällen helfen Umschläge mit essigsaurer Tonerde (oder eine Mischung aus Heilerde und Essigwasser) auf das geschwollene Gesäuge. Auch die Behandlung mit Heparinsalben hat sich bewährt. In schweren Fällen muß der Tierarzt der Hündin Hormone in Form von Tabletten oder Injektionen verordnen.

Achten Sie auch auf richtige Pflege der Hündin: Geben Sie ihr wenig zu fressen und zu trinken, damit die Milchbildung nicht weiter angeregt wird. Beschäftigen Sie sich mit ihr und machen Sie ausgedehnte Spaziergänge, das lenkt die Hündin ab. Räumen Sie Spielsachen, Polster und alles, was sie zum Nestbau verwenden könnte, weg, damit der Muttertrieb nicht gefördert wird.
Die Scheinträchtigkeit kann immer wieder auftreten. Nur die Kastration ist die sicherste Methode, sie zu verhindern.

Mammatumoren

Vor allem bei älteren Hündinnen treten die geschwulstartigen Veränderungen in den Milchdrüsen auf. Die gutartige Form sind feste, abgegrenzte Knoten, die sich unter der Haut leicht verschieben lassen. Sie sind nicht so gefährlich und gut zu entfernen.
Die andere Form ist meist bösartig. Diese Geschwülste sind mit der Haut und dem darunterliegenden Gewebe verwachsen und lassen sich auch nicht so einfach herausoperieren.
Bei sehr alten Hündinnen und kleinen, langsam wachsenden Tumoren wird der Tierarzt von der Operation eher abraten, um den alten Organismus nicht zu sehr zu belasten. In allen anderen Fällen ist es besser, die Tumoren sofort zu entfernen, auch wenn sie noch sehr klein sind, um die Entstehung von Tochtergeschwülsten zu verhindern. Die Kastration ist die beste Möglichkeit, die Ausbreitung von Knoten oder deren Nachwachsen nach der Operation zu verhindern.

Läufigkeitsstörungen

Bei manchen Hündinnen bleibt die Läufigkeit einfach aus. Ursache sind Eierstöcke, die nicht oder nur mangelhaft funktionieren. In der Fachsprache heißt diese Störung Anöstrie. Für Hündinnen, die nicht zur Zucht vorgesehen sind, ist sie bedeutungslos. Bei Zuchthündinnen wird der Tierarzt versuchen, die Funktion der Eierstöcke mit einer Hormonbehandlung in Gang zu bringen.
Es kann aber auch vorkommmen, daß die Läufigkeit durch eine Störung des Hormonhaushalts in den Eierstöcken sogar verlängert wird, was in

weiterer Folge zu entzündlichen Wucherungen der Gebärmutterschleimhaut führt und das Wohlbefinden der Hündin stark beeinträchtigt. Läufigkeitserscheinungen, die normalerweise nach etwa drei Wochen aufhören, dauern an. Oder aber die Läufigkeit hört zwar zum richtigen Zeitpunkt auf, tritt aber nach ein bis vier Wochen erneut mit braunrotem Ausfluß auf. Manchmal zeigt die Hündin gleichzeitig Anzeichen vn Scheinträchtigkeit. Die Kastration ist die beste Methode, die Hündin von ihren Beschwerden zu befreien. Denn Therapien mit Hormonen und Antibiotika verzögern den Krankheitsverlauf meist nur.
Eine sehr gefährliche Erkrankung ist die sogenannte *Pyometra,* die eitrige Füllung der Gebärmutter. Davon gibt es zwei Formen: die geschlossene oder typische und die offene Form.
Erstere erkennen Sie daran, daß die Hündin drei bis acht Wochen nach der Läufigkeit keinen Appetit hat, aber auffallend durstig ist, die Hinterbeine schlechter bewegt und ihr allgemeines Befinden beeinträchtigt ist. Später wird der Bauchumfang deutlich größer. Die zweifelsfreie Diagnose kann der Arzt nur durch eine Röntgenaufnahme stellen. Je mehr Inhalt sich in der Gebärmutter angesammelt hat, desto dünner wird die ausgedehnte Gebärmutterwand. Es besteht die große Gefahr, daß sie reißt und sich der Inhalt in die Bauchhöhle ergießt, was zu tödlicher Bauchfellentzündung führen kann.
Bei der offenen Form der Pyometra merken Sie bei der Hündin ebenfalls Appetitlosigkeit, vermehrten Durst und starken Scheidenausfluß, der kakaoähnlich aussehen kann. Für beide Formen ist die chirurgische Entfernung von Gebärmutter und Eierstöcken das Mittel der Wahl.

Neubildungen (Geschwüre)

Geschwüre an den inneren Geschlechtsorganen, also an Gebärmutter und Eierstöcken, bilden sich bei Hündinnen sehr selten. Und wenn, dann sind sie meist gutartig. Häufiger treten bei älteren, nicht kastrierten Hündinnen einzelne oder eine Vielzahl von Neubildungen in der Scheide auf. Sie können kugelig, warzenartig oder gestielt sein. Doch auch sie sind meist gutartig. Ab einer gewissen Größe können sie allerdings die Absetzung von Kot und Harn beeinträchtigen. Selbstverständlich müssen alle diese Geschwüre chirurgisch entfernt werden.

Scheidenentzündung

Infektionen mit überall vorkommenden Erregern führen vor allem bei jugendlichen Tieren zu Scheidenentzündungen. Die Krankheit bricht meist dann aus, wenn die Widerstandskraft der Hündin durch schlechte Haltung und Fütterung oder andere Erkrankungen geschwächt ist. Typische Anzeichen: Die Scham schwillt an und ist gerötet, eitrig-schleimiger Ausfluß geht ab. Die Haare in Scheidenumgebung sind durch das Sekret verklebt. Oft ist die Scheidenentzündung mit heftigem Juckreiz verbunden. Dann kommt es zum sogenannten «Schlittenfahren». Dabei rutscht die Hündin mit dem Gesäß über den Boden, um sich Erleichterung zu verschaffen.

Wenn Sie Ihre Gefährtin gut pflegen, ausgewogen füttern und Spurenelemente und Vitamine zugeben (besonders Vitamin A), heilen die Entzündungen von selbst ab. Auch das Einsetzen der Pubertät läßt Scheidenentzündungen bei Junghunden oft spontan verschwinden. In hartnäckigen Fällen müssen Sie den Tierarzt aufsuchen.

Geschlechtskrankheiten

Erkrankungen, die beim Deckakt übertragen werden, gibt es bei Hunden nur sehr selten. Dies wäre beispielsweise das Stickersche Sarkom, das häufig in Afrika und Amerika, aber kaum in Europa auftritt. Es zeigt sich durch eine zerklüftete, blumenkohlartige Oberfläche der Scheidenschleimhaut und blutig-eitrigen Ausfluß. Hier kann nur der Tierarzt die Krankheit durch eine Operation in den Griff bekommen.

Beim Rüden

Hodenfehler

Oft fragen Tierbesitzer in der Ordination: «Ist es normal, daß mein Hund nur einen Hoden hat?» Das ist natürlich nicht normal, kommt aber öfter vor, als man glaubt. Es handelt sich dabei um den sogenannten *Kryptorchismus,* eine Entwicklungshemmung im Hodenabstieg.

Vor der Geburt liegen die Hoden noch unterhalb der Wirbelsäule, in der Nähe der Nieren. Kurz vor oder nach der Geburt sollen sie durch die Bauchhöhle und den Leistenkanal in den Hodensack absteigen und im Alter von sechs bis zehn Wochen im Hodensack sein. Wandert nur ein Hoden in die richtige Lage, spricht man von einseitigem, bleiben beide in Bauchhöhle, Leistenkanal oder zwischen Leistenkanal und Hodensack stecken, von beidseitigem Kryptorchismus. Dann werden keine befruchtungsfähigen Spermien gebildet. Der Geschlechtstrieb ist allerdings normal entwickelt. Mit einseitigem Kryptorchismus ist der Hund zwar fortpflanzungsfähig, kann aber die Veranlagung zu dieser Entwicklungsstörung vererben.

Kryptorchismus ist aber nicht nur ein Entwicklungsfehler. Der Hund kann dabei auch unter Beschwerden wie Nervosität, Unruhe, Juckreiz, Haarausfall und Hauterkrankungen leiden. Die früher oft verbreitete Meinung, daß er aggressiver und bissiger wird, stimmt nicht. Möglicherweise ist jedoch die Krebsgefahr für den in der Bauchhöhle liegenden Hoden größer. Wenn der Tierarzt schon beim Welpen die Diagnose Kryptorchismus stellt, bringt oft eine Hormonkur Erfolg. Zusätzlich sollten Sie täglich Massagen in Richtung Hodensack durchführen. Die Behandlung des erwachsenen Hundes ist viel schwieriger. Hier muß der Hoden operativ aus der Bauchhöhle entfernt werden.

Gelegentlich kommt es bei Welpen vor, daß die Hoden schon im Hodensack waren, später aber wieder in die Bauchhöhle oder in den Leistenkanal hochgezogen werden und dort für den Rest des Lebens bleiben. Ganz selten können Rüden ihre Hoden beliebig hochziehen und wieder in den Hodensack zurückgleiten lassen. Man nennt dies Pendel- oder Wanderhoden.

Die Pendelhoden liegen einmal in der Bauchhöhle, dann im Hodensack, später wieder im Leistenkanal. Mit Pendelhoden ist ein Rüde normal fruchtbar.

Vorhautkatarrh

Ist bei Rüden sehr verbreitet. Meist geht der Katarrh mit einer Entzündung der Penisspitze einher. Die Erkrankung wird durch Bakterien hervorgerufen, die der Hund leider überall «auflesen» kann. Der Vorhautkatarrh befällt Rüden aller Altersstufen, ist zwar nicht gefährlich, aber sehr lästig. Dauernd tropft gelblich grünes eitriges Sekret aus der Vorhautöffnung. Der Vorhautschlauch muß regelmäßig gespült, gereinigt und mit antibiotischen und entzündungshemmenden Salben behandelt werden. Sehr gut bewährt haben sich auch sogenannte Euterinjektoren, wie man sie für Rinder verwendet. Diese müssen jedoch vom Tierarzt verordnet werden.

Erkrankungen der Prostata

Wie beim älteren Mann treten auch beim älteren Rüden oft Prostataerkrankungen auf. Deshalb sollten Sie bei jeder Vorsorgeuntersuchung Ihres Rüden auch seine Prostata kontrollieren lassen. Am häufigsten ist die sogenannte *Prostatahyperplasie,* das heißt die Vergrößerung der Prostata. Sie wird durch eine Störung des Hormongleichgewichts ausgelöst und zeigt sich hauptsächlich ab dem fünften Lebensjahr des Vierbeiners. Im Gegensatz zum Menschen, der zuerst Probleme beim Urinieren bemerkt, hat der Hund anfangs Beschwerden beim Absetzen des Kots, weil die vergrößerte Prostata den Enddarm einengt. Dann stehen die Tiere mit gekrümmtem Rücken und versuchen immer wieder Kot abzusetzen, was nur in winzingen Mengen gelingt. Erst viel später haben die Vierbeiner auch Probleme beim Urinieren. Meist finden Sie morgens auf dem Schlafplatz ihres Lieblings kleine Blutflecken, weil auch Blut und Eiter aus der Harnröhre austritt.
Mindestens die Hälfte aller alten Rüden leiden an Prostatavergrößerung, die jedoch meist gutartig ist. Der Grad der Beschwerden ist jedoch unterschiedlich. Die beste Behandlungsmethode ist die Kastration. In den meisten Fällen verkleinert sich die Prostata nach der Operation sehr rasch wieder. Hormonbehandlungen bringen wenig oder nur vorübergehend Erfolg.

Bruch des Penisknochens

Kein anderes Haustier hat ihn – den Penisknochen. Er ist eine interessante anatomische Besonderheit beim Hund. Bei Unfällen beispielsweise kann es zum Bruch des Knochens kommen, was sehr schmerzhaft ist. Blut tritt aus, und beim Berühren des Penis hört man ein knirschendes Geräusch. Der Tierarzt muß mit einer Röntgenaufnahme die sichere

Diagnose stellen. Normalerweise heilt der Bruch problemlos. Manchmal muß der Tierarzt den Penisknochen mit einem Dauerkatheter, der in die Harnröhre eingelegt wird, für zwei bis drei Wochen schienen.

Geschlechtskrankheiten

Diese sind äußerst selten. Mit dem bereits bei der Hündin erwähnten Stickerschen Sarkom kann sich natürlich auch der Rüde anstecken. Die blumenkohlartigen Wucherungen zeigen sich bei ihm an Vorhaut und Penisschleimhaut. Wie bei der Hündin, muß der Tierarzt auch beim Rüden die Wucherungen chirurgisch entfernen.

Bei der Katze

Scheinträchtigkeit

Katzen werden viel seltener scheinträchtig als Hündinnen. Der Grund dafür: Bei der Katze wird der Eisprung erst durch den Begattungsakt ausgelöst. Ohne Eisprung wird kein Ei freigesetzt. Daher werden auch keine Gelbkörperhormone produziert, die maßgeblich am Aufbau der Milchdrüsen beteiligt sind. Zur Scheinträchtigkeit kann es also nur nach dem Deckakt mit einem unfruchtbaren Kater oder starker äußerer Reizeinwirkung kommen. Die Symptome gleichen denen bei der Hündin, nur die psychischen Veränderungen sind bei der Katze nicht so stark ausgeprägt. Die Behandlung ist gleich wie bei der Hündin.
Auch für Tumoren der Milchdrüse gilt das für die Hündin bereits Beschriebene.

Rolligkeitsstörungen

Viel öfter als bei «normalen» Hauskatzen ist das Brunstverhalten von gezüchteten Katzen gestört. Entweder bleibt die Rolligkeit überhaupt aus, oder die Katzendame duldet den Deckakt nicht. Mit Hormongaben durch den Tierarzt kann die Katze stimuliert werden. Mitunter hat aber die Paarungsunwilligkeit bei Zuchtkatzen psychische Ursachen. In diesem Fall müssen Sie als Tierbesitzer großes Einfühlungsvermögen zeigen.

Scheiden- und Gebärmutterentzündungen

Katzenseuche und Katzenschnupfen lösen beim Vierbeiner oft auch Scheiden- und Gebärmutterentzündungen aus. Zusätzlich zu den durch die Viruserkrankungen verursachten Störungen des Allgemeinbefindens leidet die Katzendame an schleimig-eitrigem Ausfluß.
Auch Hormonstörungen können an Gebärmutterentzündungen schuld sein, aber auch an Pyometra, der eitrigen Füllung der Gebärmutter (siehe Geschlechtserkrankungen der Hündin). In beiden Fällen empfiehlt sich die Entfernung von Gebärmutter und Eierstöcken.

Beim Kater

Im Gegensatz zum Hund liegen beim Kater die Hoden zum Zeitpunkt der Geburt schon im Hodensack. Da sie in den ersten Lebenswochen sehr klein sind und noch in den Leistenkanal hochgezogen werden können, kann der Tierarzt erst nach einigen Monaten feststellen, ob eventuell ein Kryptorchismus (ein oder beide Hoden sind nicht im Hodensack) vorliegt.
Der Geschlechtstrieb ist jedoch trotzdem voll ausgebildet. Das heißt, der Tierbesitzer muß mit allen unangenehmen Erscheinungen wie Markieren der Wohnung, Streunen usw. (siehe Kapitel Sexualität) rechnen. Auch der kryptorchide Kater muß also kastriert werden. Andere Erkrankungen der Geschlechtsorgane beobachtet man beim Kater kaum.

11

Sexualleben, Geburtenkontrolle und Fortpflanzung

Sie sind ja so niedlich anzusehen, Hunde- und Katzenbabys. Wenn sie tolpatschig durch die Gegend tapsen und neugierig ihre Umgebung erkunden, schlagen Menschenherzen gleich höher. Und sicher denken Sie in so einem Moment nicht an die überfüllten Tierheime, in denen so viele Hunde und Katzen ihr Dasein fristen und darauf warten müssen, ob sie jemand aufnimmt. Nicht zu reden von unterernährten, streunenden Tieren, die sich weiter ungehindert vermehren. Und es gibt noch immer Menschen, die Jungtiere ertränken oder erschlagen, um sich ihrer zu entledigen, anstatt den Nachwuchs zu verhindern.
Und selbst wenn Sie jemanden finden, der ein Hunde- oder Katzenbaby aufnimmt, wissen Sie ja nicht, wie es dem Tier dann wirklich ergeht. Vielleicht ist es den neuen Besitzern schon nach kurzer Zeit lästig und wird wieder weggegeben.
Sie können mit dazu beitragen, das Tierelend nicht zu vergrößern, wenn Sie rechtzeitig dafür sorgen, daß keine Jungen kommen. Familienplanung bei Haustieren trägt also auch zum Tierschutz bei. Dazu sollten Sie natürlich mehr über das Sexualleben von Hund und Katze wissen.

Beim Hund

Weibliche Hunde sind durchschnittlich mit sechs bis zwölf Monaten geschlechtsreif. Läufigkeit setzt in diesem Alter zum ersten Mal ein. Das Erwachsenwerden ist aber auch von der Rasse abhängig – kleine Rassen werden meist früher läufig als große. Aber auch das Erreichen eines bestimmten Gewichts der Hündin und die Haltungsbedingungen

(Ernährung, Anwesenheit von männlichen Artgenossen, Klima) sind dabei von Bedeutung.

Viele Hundebesitzer sehen der ersten Läufigkeit ihres Hausgenossen mit Sorge und Unsicherheit entgegen. Rüden riechen läufige Hündinnen über weite Strecken und werden magnetisch angezogen. So kommt es dann nicht selten vor, daß das Haus von liebestollen Männchen umlagert wird. Und auch beim Spazierengehen bedrängen «verliebte» Rüden die Hündin, was für beide Tierbesitzer natürlich unangenehm ist.

Die *Läufigkeit setzt* zweimal jährlich *ein* und *dauert* etwa drei Wochen. Der Abstand zwischen den Läufigkeiten beträgt durchschnittlich sechs bis sieben Monate. Das heißt, die Hündin wird etwa zweimal jährlich läufig. Es gibt aber Ausnahmen. Manche bekommen nur einmal im Jahr «ihre Zeit», andere wiederum überraschen ihren Besitzer mit drei Läufigkeiten jährlich.

Die erste Phase ist die sogenannte Vorbrunst. Die Scham der Hündin schwillt an, und blutiger Ausfluß setzt ein. In diesem Stadium wehrt das Weibchen die Rüden noch ab.

Nur während der zweiten Phase der Brunst, zwischen dem 9. und 16. Tag der Läufigkeit, wird's gefährlich. Der Ausfluß wird heller, schleimiger und nimmt ab. Während dieser Zeit duldet das Weibchen den Decker. Man nennt das «die Hündin steht». Nähert sich ihr ein Rüde, legt sie den Schwanz zur Seite, um ihm zu signalisieren, daß sie bereit ist.

Die Nachbrunst dauert dann noch eine Woche lang. Die Scham schwillt ab, nur noch Reste von Ausfluß sind bemerkbar.

Wie schützt man Böden, Teppiche und Polstermöbel während der Läufigkeit? Diese *Probleme während der Läufigkeit* lösen Sie am besten mit sogenannten Läufigkeitshöschen, die im Handel angeboten werden.

Was tun, wenn die Hündin trotz Vorsichtsmaßnahmen doch entwischen sollte? Dann müssen Sie mit Sicherheit annehmen, daß sie gedeckt wurde. Das kann Ihnen jedoch auch passieren, wenn Sie mit der Hündin spazierengehen, und ein freilaufender Rüde taucht auf, oder ein Hundebesitzer kann sein Männchen nicht mehr zurückhalten. Versuchen Sie auf keinen Fall, die Tiere zu trennen! Sobald der Rüde den Penis eingeführt hat, schwillt die Eichel an. Selbst wenn er schon vom Weibchen abgestiegen ist, bleiben die beiden Tiere noch etwa zehn bis 30 Minuten mit einander zugekehrten Hinterteilen aneinander hängen.

Eine gewaltsame Trennung würde zur Verletzungen von Vagina und Eichel führen. Oft kommt bei unerwünschten Paarungen noch hinzu, daß der Rüde für die Hündin unpassend ist und Schwierigkeiten bei der Geburt zu erwarten wären.
In diesem Fall kann nur noch der Tierarzt den unerwünschten Wurf verhindern, indem er der Hündin im Abstand von jeweils zwei Tagen drei Hormoninjektionen verabreicht. Die erste Spritze muß am zweiten, spätestens jedoch am dritten Tag nach der Deckung erfolgen. Ist die Hündin schon älter als sieben Jahre, sollte man wegen der größeren Gesundheitsgefährdung auf die Abtreibungsspritzen besser verzichten.
Eine Besonderheit, die viele Tierbesitzer vielleicht nicht wissen: Hündinnen können während einer Läufigkeitsphase mehrmals gedeckt und befruchtet werden! Wie schon erwähnt, dauert die Brunst (Deckungsbereitschaft) der Hündin ungefähr sechs bis acht Tage. In diesen Zeitraum fallen auch mehrere Eisprünge. Befruchtungsfähig sind diese weiblichen Keimzellen jedoch alle erst gegen Ende der Stehzeit des weiblichen Tieres. Da die Hündin während der «gefährlichen» Tage jede Gelegenheit wahrnimmt und nahezu keinen Rüden ablehnt, «sammelt» sie sozusagen den Samen verschiedener Vatertiere, der dann zum entsprechenden Zeitpunkt die Eizellen befruchtet.
Wenn Ihre Hündin von einem Rüden gleicher Rasse gedeckt wurde und zu Ihrem Erstaunen auch Mischlingswelpen geboren werden, dann ist die Hundedame sicher «fremdgegangen» und hat auch noch einem anderen ihre Gunst geschenkt. Passen Sie also auch dann bis zum Ende der Läufigkeit gut auf die Hündin auf, wenn sie bereits gedeckt worden ist.
Es gibt verschiedene Möglichkeiten, die Läufigkeit zu verhindern. Sie wollen auf Urlaub fahren, und gerade zu dieser Zeit wird Ihre Hündin läufig. Sie können Ihre Ferien aber nicht verschieben. In Ausnahmefällen kann der Arzt die Läufigkeit verhindern: mit einer Injektion, die er etwa ein bis zwei Monate vor der Läufigkeit verabreicht. Selbst wenn diese schon eingetreten ist, kann der Tierarzt noch mit Tabletten Abhilfe schaffen. Aber: Der Eingriff in den Hormonhaushalt ist immer eine gesundheitliche Belastung für das Tier. Im Interesse der Hündin sollten Sie das nur dann tun, wenn wirklich triftige Gründe vorliegen.
Wenn Sie eine Hündin haben und Läufigkeit und Nachwuchs für immer verhindern wollen, ist die Kastration die beste Lösung. Sie wird fälschli-

cherweise im Volksmund auch Sterilisation genannt, was aber nicht stimmt. Denn bei der Sterilisation werden lediglich die Eileiter unterbunden. Bei der Kastration entfernt der Tierarzt Eierstöcke und Gebärmutter.
Dieser Eingriff ist heutzutage für geübte Tierärzte eine Routineoperation. Die meisten Hündinnen benehmen sich bereits ab dem zweiten Tag nach der Operation wieder völlig normal. Sie verändern auch nicht ihren Charakter oder werden zu dick (außer Sie überfüttern Ihren Liebling) – eine unnötige Befürchtung, die unter Tierbesitzern noch immer nicht ganz ausgeräumt ist.

Probleme mit verliebten Rüden

Rüden werden etwa mit neun bis zwölf Monaten geschlechtsreif und damit zeugungsfähig. Und dann reagieren sie heftig auf läufige Hündinnen und bereiten ihrem Besitzer so einige Probleme. Tag und Nacht winseln und jaulen liebestolle Rüden. Und allen Vorsichtsmaßnahmen zum Trotz, gelingt es ihnen immer wieder, zu entwischen. Dabei ist der Rüde auch großen Gefahren wie dem Straßenverkehr ausgesetzt, oder ein anderes Männchen taucht auf, und die beiden Widersacher geraten einander im Kampf um die Hündin «in den Pelz».
Unangenehm wird es für Sie dann, wenn Ihr Rüde hypersexuelles Verhalten an den Tag legt, das heißt, sein Trieb ist so stark ausgeprägt, daß er sogar Sie, Familienangehörige oder Freunde «bespringt». Hormoninjektionen dämmen überschießende Triebe. In hartnäckigen Fällen hilft nur noch die Kastration. Dabei entfernt der Tierarzt die Hoden des Vierbeiners. Der Eingriff wird unter Vollnarkose durchgeführt.
Gefühlsmäßige Vorbehalte schrecken noch immer viele Tierbesitzer ab, ihren Liebling kastrieren zu lassen. Besonders Männer neigen dazu, auf den Menschen zu schließen, und fürchten, dem «armen Tier die Männlichkeit zu nehmen», also auch den Charakter des Tieres zu verändern. (Eigenartigerweise hat jedoch kaum jemand in dieser Hinsicht Bedenken, wenn es darum geht, weibliche Tiere kastrieren, das heißt, deren Gebärmutter und Eierstöcke entfernen zu lassen.)
Die Sorgen um den Rüden sind unbegründet, da ein erwachsener Hund weder sein «männliches» Aussehen verliert, noch den Charakter we-

sentlich verändert. Und das kann durchaus wünschenswert sein, denn Ihr Hausgenosse soll zwar Sie, Ihre Familie und Ihr Eigentum vor fremden Übergriffen schützen, aber nicht zur Gefahr für friedliche Mitmenschen werden.

Geburtenratgeber für die Hündin

Auch wenn wir an Sie appellieren, das Tierelend nicht durch ungehemmte Vermehrung zu vergrößern, wollen wir Ihnen natürlich Ratschläge für den Fall des Falles nicht vorenthalten. Viele Tierbesitzer wissen sehr wenig über Trächtigkeit und Geburt bei der Hündin. Deshalb haben wir für Sie einen kleinen Ratgeber zusammengestellt.

Die Hündin sollte auf keinen Fall während ihrer ersten Läufigkeit gedeckt werden, frühestens während der zweiten. Dann ist die Hundedame etwa 14 Monate alt. Der Zeitpunkt des Eisprungs, also wenn die Eizelle reif für die Befruchtung ist, läßt sich durch die mikroskopische Untersuchung der Vagina-Schleimhaut ziemlich genau bestimmen.

Ab dem 20. Tag nach der Begattung kann der Tierarzt mit dem Vaginaskop die Trächtigkeit feststellen. Ab dem 21. Tag auch schon durch Abtasten des Bauches. Ab diesem Zeitpunkt kann der Befund auch durch Ultraschalluntersuchung bestätigt werden. Ab dem 45. Tag erkennt man dann die Anzahl der Welpen auf dem Röntgenbild. Die Trächtigkeit dauert durchschnittlich 63 Tage.

Und wie merken Sie, daß es bald soweit ist? Einige Tage vorher läuft die Hündin hechelnd und unruhig hin und her und zeigt Ansätze, «ein Nest» zu bauen. Ihr Gesäuge füllt sich mit Milch. Etwa 24 Stunden vor der Geburt sinkt die Körpertemperatur auf 37 Grad ab. Jetzt sollten Sie einige Male die Temperatur messen. Denn sobald sie wieder auf den Normalwert von 38 bis 38,5 Grad ansteigt, steht der Geburtsbeginn unmittelbar bevor. In dieser «Eröffnungsphase» öffnet sich der Muttermund. Davon ist äußerlich allerdings nichts zu bemerken.

Erst bei der sogenannten «Austreibungsphase» bringt die Hündin unter deutlich sichtbaren Wehen die Welpen zur Welt. Jedes Hundebaby wird in einer schützenden Fruchthülle geboren. Sie wird von der Hündin aufgebissen. An der Nabelschnur hängt die Nachgeburt, die unmittelbar nach den Welpen ausgestoßen werden sollte. Die Hündin frißt

Oben: Große Hunde, wie beispielsweise Bernhardiner, sollten auf Hüftgelenksdysplasie untersucht werden. Unten: Durch seine kurze Nase neigt der Pekinese schon nach geringer Anstrengung zur Schwachatmigkeit.

Oben: Häufig bei Bassets: die Ellenbogengelenksdysplasie. Unten: Bei Ekzemen in den Hautfalten hilft die operative Straffung.

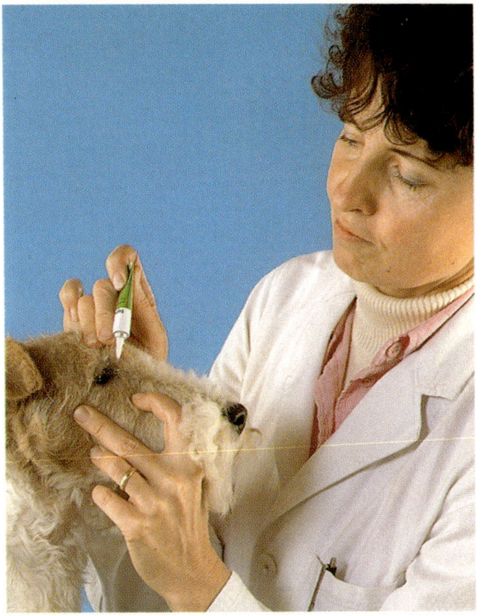

Li. oben: Regelmäßige Ohrenkontrolle ist auch beim Hund wichtig. Re. oben: Für das Einbringen der Augensalbe das Unterlid etwas herunterziehen, ca. 1 cm Salbenstrang in den Bindehautsack drücken, beide Lider darüberziehen und massieren. Unten: Kampf ums Weibchen.

Oben: In der Hitze freut sich auch der Hund über ein kühles Bad. Unten: Igel sind klassische Flohträger, ein Flohband schützt den Hund.

die Nachgeburt auf, damit ist der Welpe auch gleich abgenabelt. Verwehren Sie dem Muttertier nicht das Auffressen der Nachgeburt. Es sind wertvolle Hormone darin enthalten, die anregend auf die Milchbildung wirken.

Eine normale Geburt erstreckt sich über acht bis zwölf Stunden. Nach jedem geborenen Welpen tritt eine kurze Ruhepause ein, in der die Hündin das Baby reinigt. Dann kommt das nächste Junge zur Welt.

Ist der Tierarzt bei der Geburt dabei, kann er die Wehentätigkeit durch gezielte Injektionen verstärken und so den gesamten Geburtsvorgang verkürzen – eine Erleichterung für die Hündin. Nach der Geburt stellt er fest, ob alle Welpen geboren wurden, und verabreicht eine sogenannte «Reinigungsspritze». Diese regt die Selbstreinigung der Gebärmutter an.

Sind die Welpen zu groß, müssen sie durch Kaiserschnitt zur Welt gebracht werden. Auch wenn die Tragezeit beträchtlich überschritten wird, muß der Arzt meist einen Kaiserschnitt durchführen. Steigt die Körpertemperatur auf über 39 Grad an und merken Sie dunkelgrünen Ausfluß vor Geburtsbeginn, ist ebenso dringend der Arzt zu Rate zu ziehen. Auch ungünstige Lage der Welpen vor oder während der Geburt machen oft einen Kaiserschnitt notwendig.

Die Rückbildung der Gebärmutter nach der Geburt dauert etwa vier bis fünf Wochen. Die ersten beiden Wochen geht aus der Vagina ein Sekret (die sogenannten «Lochien») ab, das bis zu 24 Stunden nach der Geburt schleimig und schwarzgrün erscheint, später ist es ein trüber, rötlicher Ausfluß. Bei der gesunden Hündin hat das Lochialsekret keinen üblen Geruch. Wenn es jedoch faulig stinkt, muß sofort der Tierarzt verständigt werden, da die Gefahr von *Kindbettfieber* besteht.

Eine leider häufige Kindbettkomplikation sind durch Kalziummangel ausgelöste Krampfanfälle, die sogenannte *Puerperaltetanie* oder *Eklampsie*. Die Hündin fiebert (42 Grad), hat die Beine sägebockartig abgespreizt und den Kopf krampfhaft nach rückwärts gestreckt. Verständigen Sie in diesem Fall sofort den Tierarzt, um der Hündin das Leben zu retten. Sie können dieser gefährlichen Kindbetterkrankung vorbeugen, wenn Sie Ihrem Liebling schon während der Trächtigkeit Kalziumtabletten und Vitamin-D-Tropfen verabreichen.

Die Katze wird rollig

«Normale» Hauskatzen werden ungefähr mit sechs bis sieben Monaten geschlechtsreif, manchmal sogar noch etwas früher. Rassekatzen hingegen werden erst später reif, im Alter von etwa neun bis zwölf Monaten. Die Brunstzeit der weiblichen Katze ist zwar über das ganze Jahr verteilt, aber im Frühjahr, durch den verstärkten Lichteinfluß, steigert sich auch ihr Sexualtrieb. Dann wälzt sie sich auf dem Boden und schreit durchdringend. Katzenkennern ist dieser Zustand als «Rolligkeit» oder «Raunze» bekannt. Diese nervenaufreibende «Katzenmusik» dauert etwa zwei bis vier Tage. (Besonders Siamkatzen bescheren oft ganzen Wohnanlagen ein unvergeßliches Nachtkonzert.)

Wenn Sie die Katze jetzt ins Freie lassen, stellt sich mit Sicherheit bald Nachwuchs ein. Doch wohin mit den jungen Tieren? Tierschutzhäuser sind überfüllt, Menschen, die ein Katzenbaby auch wirklich wollen und liebevoll aufnehmen, rar – wobei Rassekatzen noch eher Chancen haben als andere. Wenn Sie Muttertier und Junge ihrem Schicksal überlassen, vermehren sie sich alle unvermindert weiter und sind größten Gefahren ausgesetzt. (Die durchschnittliche Lebenserwartung einer wild lebenden Katze beträgt etwa zwei bis vier Jahre. Denn viele werden erschlagen, von Jägern erschossen, überfahren, in Fallen gefangen oder vergiftet.)

Für die meisten Tierbesitzer ist jedoch auch der Weg zum Tierarzt, um die Kätzchen einschläfern zu lassen, furchtbar schwer. Wenn Sie sich und den Katzen Leid ersparen wollen, lassen Sie die Tiere am besten kastrieren. In modernen Tierarztpraxen ist diese Operation Routinearbeit, mit geringstem Risiko für das Katzenleben. Kastrationen werden meist ab dem 6. Lebensmonat durchgeführt. Entgegen mancher Unkenrufe verändert die Katzendame ihr Verhalten kaum. Sie wird nur etwas anschmiegsamer und ausgeglichener. Und Fett setzt sie nur an, wenn sie zuviel gefüttert wird, die Kastration ist daran sicher nicht schuld.

Bei Stubenkatzen, die während der Rolligkeit nicht mit einem Kater zusammenkommen, kann es zu einer Blockierung des Sexualzyklus kommen. Dann verfällt die Katze in den Zustand der «Dauerraunze», was für Tier und Besitzer natürlich äußerst unangenehm ist. Injektionen vom Tierarzt beenden zwar die nervenaufreibende Katzenmusik. Doch nur kurzfristig. Denn die nächste Rolligkeit löst möglicherweise wieder eine Dauerraunze aus.

Manche Katzenbesitzer unterdrücken den Sexualzyklus ihrer weiblichen Tiere durch Hormonpräparate in Form von Tabletten oder Injektionen. Geben Sie dem Vierbeiner Pillen, müssen Sie darauf achten, daß sie regelmäßig gegeben und auch wirklich geschluckt werden.

Auch bei der Behandlung mit Injektionen müssen Sie die Intervalle genau einhalten. Die zweite Injektion erfolgt drei Monate, die dritte vier Monate nach der ersten «Rolligkeitsspritze». Danach wird die Hormonkur alle fünf Monate wiederholt.

Doch dies ist keine Dauerlösung, weil die Medikamente nach mehrmaliger Anwendung Gebärmutterentzündungen auslösen können. Dann ist die Katze nur noch durch die Totaloperation zu retten.

Deshalb raten wir auch dann zur Kastration, wenn Sie die Katze in der Wohnung halten. Damit ersparen Sie sich und dem Tier viele Probleme.

Bei der Kastration, landläufig oft auch als Sterilisation bezeichnet, entfernt der Tierarzt die Eierstöcke und Teile der Gebärmutter. Dazu ist nur ein kleiner Schnitt am Unterbauch nötig.

Zwölf bis 24 Stunden bevor Sie die Katze zur Operation bringen, darf das Tier nichts mehr fressen, damit Magen und Darm leer sind und die Katze in der Narkose nicht erbricht. Wasser müssen Sie ihr allerdings schon geben. Nach dem Eingriff sind keine besonderen Verhaltensmaßnahmen notwendig. Nur Springen sollte sie – wegen der Naht – kurz nach dem Eingriff nicht. Die Samtpfoten erholen sich sehr rasch und sind bereits nach zwei bis drei Tagen wieder zu Streichen aufgelegt. Die Wundschwellung bildet sich bald zurück, und schon nach zwei Wochen erinnert nur noch die geschorene Stelle am Bauch an die Operation.

Beraten Sie sich mit Ihrem Tierarzt, welche Verhütungsmethode in Ihrem Fall die geeignetste ist.

Auch der Kater macht Probleme

Entschließt sich ein Tierfreund, eine Katze aufzunehmen, entscheiden sich die meisten für einen Kater, weil sie glauben, so dem ungewollten Nachwuchs und den damit verbundenen Problemen zu entgehen. Doch

das ist ein großer Irrtum, denn natürlich hat auch der Kater ein ausgeprägtes Sexualleben. Das merken Sie sehr bald. Denn etwa ab dem 7. Monat wird er geschlechtsreif und beginnt die Umgebung, in der er lebt, zu markieren. Um «sein Revier» abzugrenzen, verspritzt er übelriechenden Urin. Das soll Weibchen anlocken und eine Warnung für eventuelle Konkurrenten sein.
Außerdem streunen unkastrierte Kater auf der Suche nach einem rolligen Weibchen kilometerweit umher. Kein Hindernis ist ihnen zu groß, kein Weg zu weit. Dabei sind sie natürlich besonders der Gefahr ausgesetzt, überfahren, vergiftet oder erschossen zu werden oder sich bei anderen Katzen mit einer Krankheit anzustecken. Streunende Kater geraten auch immer wieder in Kämpfe, bei denen sie sich mit ihren Widersachern messen müssen. Und so mancher Kater kommt von seinem Liebesabenteuer mit zerfetzten Ohren, Bißwunden und Rissen in der Haut, die nicht selten zu Entzündungen und Abszessen führen, zurück. Und, auch wenn Sie es nicht sehen: Der unkastrierte Kater trägt zur Geburt zahlreicher Junger bei, die vielleicht auf grausame Weise umkommen oder umgebracht werden.
Alle diese Probleme lösen Sie, wenn Sie die männliche Katze kastrieren lassen. Allerdings nicht vor dem sechsten Monat. Auf jeden Fall sollten Sie die volle Ausbildung der Geschlechtsorgane abwarten. Das kann bei manchen Tieren auch erst mit neun oder zehn Monaten der Fall sein. Die Kastration ist ein Routineingriff unter Vollnarkose. Das Tier spürt also nichts. Die kleine Wunde, die dabei entsteht, braucht nicht einmal genäht zu werden. Meist ist der Vierbeiner noch am selben Tag wieder wohlauf.
Noch immer hält sich das hartnäckige Gerücht, kastrierte Kater würden zu Übergewicht neigen. Doch ebenso wie bei der kastrierten Katze ist Fettwerden keine Folge der Operation, sondern meist der Überfütterung durch den Tierbesitzer!

Trächtigkeit und Geburt bei der Katze

Die Katze duldet den Deckakt ab dem zweiten Tag der Rolligkeit. Erst die Begattung löst beim Weibchen den Eisprung aus. Der Deckakt führt also mit ziemlicher Sicherheit zu Nachwuchs. Die Trächtigkeit dauert

etwa 63 Tage. Um die Trächtigkeit nachzuweisen, gelten die gleichen Termine und Kriterien wie beim Hund.
Kurz vor der Geburt wird die Katze zunehmend unruhig und beginnt, einen passenden Ort für die Welpen zu suchen. Sie sollten also rechtzeitig eine Wurfkiste vorbereitet haben. Es genügt auch ein Karton mit hohen Rändern. Bei vielen – aber nicht bei allen Katzen – sinkt die Körpertemperatur etwa 24 Stunden vor dem Werfen um ein Grad ab. Die Scham schwillt an und sondert ein schleimig-wäßriges Sekret ab. Intensives Belecken der Scham und schließlich die Wehen kündigen das Einsetzen der Geburt an. Die Jungen werden in der Fruchthülle geboren. Das Muttertier beißt die Nabelschnur durch, befreit die Kleinen von der Fruchthülle und leckt sie trocken. Bis zu zwei Tagen kann es dauern, bis alle Jungen geworfen sind. Die Nachgeburten frißt die Katze auf.
Da die Milch schon kurz vor, spätestens jedoch während der Geburt einschießt, beginnen die ersten Katzenbabys schon zu saugen, während die Mutter noch weitere Welpen zur Welt bringt. Bei «normalen» Hauskatzen verläuft die Geburt meist problemlos. Gezüchtete Rassekatzen brauchen eher die Hilfe des Tierarztes.
Überschreitet die Tragezeit die normale Dauer von durchschnittlich 63 Tagen, sollten Sie den Tierarzt zu Rate ziehen. Wenn die Geburt nicht in Gang kommt, handelt es sich oft um Einfruchtigkeit oder die Gebärmutter ist mit besonders vielen Welpen «überladen». Dann wird der Tierarzt einen Kaiserschnitt vornehmen, der auch notwendig ist, wenn das Becken des Muttertieres zu eng und die Köpfe der Babys zu groß sind.
Kommt es zum Stillstand der Geburt, obwohl schon einige Junge problemlos zur Welt gebracht worden sind, ist möglicherweise die Gebärmuttermuskulatur ermüdet. Der Tierarzt kann die Geburt dann durch wehenfördernde Injektionen wieder in Gang bringen. Die Nachgeburtsphase ist bei der Katze in wenigen Tagen abgeschlossen. Ausfluß bemerken Sie kaum, weil ihn der Vierbeiner gleich ableckt.
Vorsicht! Noch während das Muttertier die Jungen säugt, kann es schon wieder rollig werden. Im Extremfall sogar schon ein bis zwei Tage nach der Geburt!
Die *Laktationstetanie,* auch *Eklampsie* genannt, tritt glücklicherweise nur selten auf. Es handelt sich dabei um Krampfanfälle, die durch das

Absinken des Blutkalziumspiegels während der Säugeperiode ausgelöst werden können. Anzeichen: Die Katze liegt zusammengerollt auf der Seite und wird von Krämpfen geschüttelt. Die Körpertemperatur steigt an. Hier muß der Arzt rasch eingreifen, sonst stirbt das Muttertier.

Der Laktationstetanie können Sie vorbeugen, wenn Sie der Katze schon während der Trächtigkeit und während der ganzen Säugeperiode Kalzium und Vitamine zufüttern.

12

Erkrankungen der Gliedmaßen

Beim Hund

Knochenerkrankungen

Wichtig für einen gesunden Knochenbau ist das ausgewogene Verhältnis von Kalzium, Phosphor und Vitamin D. Wenn Sie Dosenfutter verwenden, gibt es für jede Altersstufe ein spezielles Nahrungsangebot. Zufüttern von Mineralstoff- und Vitaminpräparaten ist dann im Normalfall nicht nötig, außer auf Anraten des Arztes bei bestimmten Krankheiten oder Mangelerscheinungen und nur unter seiner Anleitung.

Rachitis

Rachitis ist eine typische Erkrankung von Junghunden, die auftritt, wenn die Mineralstoffzufuhr einseitig oder mangelhaft ist. Daran kann das Futter schuld sein, aber auch ein erkrankter Darm, der zuwenig Mineralstoffe und Vitamine aufnimmt, etwa durch Wurmbefall. Die Darmschleimhaut ist dann durch chronische Entzündung in ihrem Aufbau so verändert, daß sie Vitamine und Mineralstoffe nur unzureichend weiterleitet. Da nützt dann auch das beste Futter nichts. Deshalb gehört zur erfolgreichen Rachitis-Vorbeugung auch, daß das Hundebaby rechtzeitig und mehrmals entwurmt wird.
Wie entsteht nun Rachitis? Durch fehlende Mineralstoffe können die Knochen nicht ausreichend verkalken. Zusätzlicher Vitamin-D-Mangel verschlimmert die Situation. Die Knochen bleiben weich, verbiegen sich, an den Knochenenden kommt es zu den typischen Auftreibungen.

Die Hunde sind in ihrer Bewegung eingeschränkt, lahmen und können nur mit Mühe aufstehen. Rachitische Tiere bleiben auch im Wachstum zurück. Besonders anfällig für Rachitis sind große Rassen wie Bernhardiner oder Doggen.
Dem Vierbeiner kann geholfen werden, wenn der Tierarzt das richtige Verhältnis von Kalzium, Phosphor und Vitamin D wieder herstellt.

Entzündung der langen Röhrenknochen (Panostitis Eosinophilica)

Auch die sehr schmerzhafte Entzündung der langen Röhrenknochen ist eine Erkrankung junger Hunde. Sie tritt sehr häufig bei Deutschen Schäferhunden im Alter von fünf Monaten bis zu einem Jahr auf, selten auch darüber.
Die Vierbeiner werden in Schüben von Lahmheit befallen, und zwar abwechselnd an den Vorder- und Hinterbeinen. Die Hunde haben oft auch Fieber, wollen nicht fressen und sich nicht bewegen. Das Abtasten der befallenen Knochen schmerzt besonders stark am Oberarmknochen. Die Ursache dieser Krankheit ist unbekannt. Aber genauso wie sie gekommen ist, heilt die Schäfer-Panostitis oft innerhalb weniger Monate von selbst wieder aus. Bei Fieber muß der Tierarzt die Heilung mit Antibiotika unterstützen.

Ellbogengelenksdysplasie

An Ellbogengelenksdysplasie erkranken heranwachsende Hunde aller Rassen, besonders aber Bassets oder Schäferhunde. Beim Jungtier besitzt der Ellbogenfortsatz einen eigenen Verknöcherungskern, der durch eine knorpelige Schicht vom Ellbogenhöcker getrennt ist. Etwa bis zum sechsten Monat sollte der Ellbogenfortsatz mit dem Ellbogenhöcker zusammenwachsen. Ist dies nicht der Fall oder reißt der Ellbogenfortsatz zum Beispiel durch einen Unfall ab, wird das Ellbogengelenk instabil, das umliegende Gewebe entzündet sich und schmerzt. Die Hunde lahmen an den Vorderbeinen. Die sichere Diagnose kann der Tierarzt nur durch eine Röntgenaufnahme stellen. Dann wird der Ellbogenfortsatz mit dem Ellbogen chirurgisch verschraubt.

Legg-Calve-Perthes-Krankheit

Es handelt sich dabei um eine Durchblutungsstörung des Oberschenkelkopfes, der dadurch nicht ausreichend ernährt wird und abstirbt. Das Hüftgelenk entzündet sich. Die Tiere haben beim Aufstehen so starke Schmerzen, daß sie die erkrankten Beine nicht belasten wollen und hinken. Betroffen sind nur sehr kleine Hunde wie Yorkshire-Terrier, Zwergpudel und Malteser zwischen einem halben und einem Jahr. Die Ursache der Durchblutungsstörung ist unbekannt. Für eine dauerhafte Heilung muß der abgestorbene Oberschenkelkopf entfernt werden. Die betroffenen Vierbeiner haben dann zwar eine sogenannte «Hängehüfte», laufen aber wieder tadellos. Das geringe Gewicht der Zwergrassen begünstigt sicherlich die dauerhafte Heilung.

Hüftgelenksdysplasie

Dies ist wiederum ein Leiden, das vor allem große Hunderassen wie Rottweiler, Deutsche Schäferhunde, Doggen, Bernhardiner usw. befällt. Interessanterweise neigen aber die verschiedenen Windhunderassen nicht zur Hüftgelenksdysplasie (HD). Die HD ist eine erblich bedingte Krankheit. Durch gewissenhafte Züchter, die erblich belastete Tiere nicht zur Vermehrung zulassen, kann die Weiterverbreitung des Leidens eingeschränkt werden.

Beim gesunden Hund paßt der Oberschenkelkopf genau in die Hüftgelenkspfanne. Beim HD-kranken Tier ist entweder der Oberschenkelkopf oder die Hüftgelenkspfanne fehlerhaft ausgebildet. Dadurch kann es zur teilweisen oder völligen Auskegelung des Oberschenkelkopfes kommen. Bei Bewegung reiben die ungleichen Teile aneinander, wodurch schließlich die chronische Hüftgelenksentzündung (Coxsarthrose) entsteht. Betroffene Tiere haben große Schmerzen im Hüftgelenk, lahmen, stehen schwer auf und bekommen einen schwankenden Gang.

Die Hüftgelenksdysplasie entwickelt sich in der Zeit von der Geburt bis zum Alter von 12 bis 18 Monaten. Erste Anzeichen sind erst etwa ab dem vierten Lebensmonat zu erkennen. Da HD eine Erberkrankung ist, muß man darauf achten, zur Zucht nur HD-freie Elterntiere zuzulassen. Die genaue Diagnose kann nur der Arzt durch eine Röntgenuntersuchung stellen. Das Untersuchungsalter für einige Rassen wie Doggen, Leonberger, Neufundländer, Bernhardiner oder Mastiff muß mindestens achtzehn Monate betragen. Für andere Rassen beträgt es mindestens zwölf Monate.

Von der Internationalen Hüftgelenksdysplasie-Kommission wurden genaue Normen für die Untersuchung auf HD erarbeitet, die nun internationale Gültigkeit haben. Der Schweregrad der Erkrankung wird durch die sogenannte Winkelmessung nach Norberg-Olsson bestimmt. HD-freie Tiere haben einen Winkel von 105 Grad und mehr. Die Hüfte wird anhand des Röntgenbildes vermessen. Zweifelhaft sind 105 Grad, aber Veränderungen am Gelenk.

Geringgradige HD: 100 Grad oder darüber.
Mittelgradige HD: 95 bis 100 Grad.
Hochgradige HD: 90 Grad und darunter.

Die Behandlung der Hüftgelenksdysplasie hängt vom jeweiligen Schweregrad ab. Während man in sehr leichten Fällen mit schmerzstillenden und entzündungshemmenden Medikamenten und Ruhigstellung helfen kann, müssen alle anderen erkrankten Tiere operiert werden. Welche Methode gewählt wird – von der einfachen Muskeldurchtrennung bis zur Totalendoprothese des Hüftgelenks – hängt wiederum vom Schweregrad ab.

Die Osteochondrosis Dissecans

Hier handelt es sich um eine leider sehr häufige Erkrankung bei großwüchsigen, schweren Hunderassen im Alter von sechs bis zwölf Monaten wie zum Beispiel dem Rottweiler. Die Osteochondrosis befällt hauptsächlich das Schultergelenk, und zwar die Gelenksfläche des Oberarmkopfes (deshalb wird sie auch «Aseptische Nekrose des Oberarmkopfes» genannt). Durchblutungsstörungen an der Gelenksfläche des Knochens führen dazu, daß kleine Teile des darüberliegenden Gelenksknorpels einbrechen, was starke Schmerzen verursacht. Deshalb lahmen die betroffenen Hunde. Diagnostische Klarheit bringt nur eine Röntgenaufnahme. Bei rechtzeitiger Operation können die vierbeinigen Patienten völlig geheilt werden. Wird die Krankheit jedoch übersehen, kommt es zur chronischen Gelenksentzündung. Dann ist das Gelenk für immer geschädigt.

Verlagerung der Kniescheibe nach innen

Diese Erkrankung ist genetisch bedingt. Man findet sie hauptsächlich bei kleinen Rassen wie Zwergpudel, Yorkshire-Terrier, Pekinese, Malteser und Westhighland-Terrier.

Durch einen Erbfehler ist der sogenannte Oberschenkelrollkamm, auf dem sich die Kniescheibe beim Beugen und Strecken auf- und abbewegen sollte, nicht tief genug ausgebildet. Dadurch verlagert sich die Kniescheibe nach innen.

Schon bei erst wenige Wochen alten Welpen kann man oft die sogenannte «stationäre Form» finden. Dabei ist die nach innen gerutschte Kniescheibe festgewachsen. Die Hundekinder können dann die Gliedmaßen nicht strecken. Sind beide Kniegelenke betroffen, «hoppeln» die Hunde kaninchenartig, haben aber meist keine Schmerzen.

Die zeitweilige Form der Kniescheibenverlagerung zeigt sich oft erst im Alter von sechs bis neun Monaten. Die Hunde gehen ganz normal, bis plötzlich die Kniescheibe nach innen kippt. Dann laufen die Tiere kurzfristig auf drei Beinen, um das betroffene Hinterbein zu schonen. Ist die Kniescheibe nach einigen Schritten wieder in die richtige Lage zurückgesprungen, gehen die Hunde wieder normal weiter. Durch oftmaliges Hin- und Herkippen der Kniescheibe beim Laufen kommt es früher oder später zu einer schmerzhaften Entzündung im Kniegelenk, die im Laufe der Zeit chronisch werden kann. Dann schwillt das Gelenk an und wird immer schmerzhafter.

Beide Formen der Kniescheibenverlagerung müssen operiert werden. Bei der festgewachsenen Form ist der Eingriff oft schon im Alter von wenigen Wochen notwendig. Für beide Formen gilt: Je früher operiert wird, desto größer ist die Aussicht auf vollständige Heilung.

Kreuzbandriß

Der Kreuzbandriß ist eine der häufigsten Störungen im Kniegelenk, der meist nach Verletzungen auftritt. Das Kniegelenk ist ein Scharniergelenk. Das heißt, zwischen den gelenksbildenden Anteilen des Unter- und Oberschenkelknochens ist als Puffer je ein Meniskus eingeschoben. Das Kreuzband begrenzt die Beweglichkeit des Schienbeins nach vorne, es hält die Gelenksteile in der richtigen Lage.

Daß ein gesundes Kreuzband reißt, ist eher selten. Meist ist es schon vorgeschädigt. Wie etwa durch die vererbbare Kniescheibenverlagerung bei Zwergrassen. Bei allen anderen Rassen ist meist der altersbedingte Elastizitätsverlust schuld an der Schwächung der Bänder. Deshalb treten Kreuzbandrisse vor allem in der zweiten Lebenshälfte der Vierbeiner auf. Reißt das vordere Kreuzband, kommt es zur Instabilität im Gelenk, der Unterschenkel schiebt sich nach vor. Das verursacht starke Schmerzen, und die Tiere lahmen plötzlich. Das Bein wird im Knie gebeugt gehalten, nur manchmal tippen sie kurz mit den Zehenballen auf dem Boden auf.
Beim Kreuzbandriß muß operiert werden. Meist ist auch noch ein Meniskus geschädigt, der dann gleich im Zuge des chirurgischen Eingriffs entfernt wird.

Knochenbrüche

Knochenbrüche sind bei Hunden heutzutage sehr häufig. An erster Stelle stehen Verkehrsunfälle. Vergessen Sie nicht, daß für Hunde das gleiche gilt wie für kleine Kinder: Sie können völlig unvorhersehbare Spontanreaktionen setzen. So stürmt der besterzogene Rüde plötzlich über die Straße, weil auf der anderen Seite vielleicht eine läufige Hündin oder sein «Intimfeind» vorbeispaziert. Deshalb sollten Sie Ihren Liebling in verkehrsreichen Straßen immer an der Leine führen!
Ist der Knochenbruch erst einmal passiert, muß der Hund so rasch wie möglich zum Tierarzt. Ein Hinweis auf einen Knochenbruch ist, daß die Tiere das gebrochene Bein überhaupt nicht belasten, sondern meist hängenlassen. Wenn der Hund es zuläßt, können Sie versuchen, für den Transport ein Kopfkissen um das Bein zu legen und das Kissen mit Gazebinden und einem Holzstab zur Ruhigstellung befestigen.
Anhand der Röntgenaufnahme entscheidet der Tierarzt, wie er den Bruch behandelt. Unkomplizierte, nicht verschobene Brüche heilen, wie beim Menschen, auch mit einem Stützverband (Gips oder Schiene). Kompliziertere Brüche werden mit allen Möglichkeiten der modernen Knochenchirurgie angegangen. Dazu gehören: Knochennagelung, Knochenverschraubung und -verbindung vor allem der langen Röhrenknochen mit Metallplatten. Also auch schwierigste Brüche können heutzutage schon erfolgreich behandelt werden.

Rheumatoide Polyarthritis

Diese Erkrankung ist ähnlich der rheumatischen Arthritis beim Menschen, kommt beim Hund aber glücklicherweise eher selten vor. Kleine Rassen sind benachteiligt, sie neigen eher dazu als große. Meist tritt die rheumatoide Polyarthritis bei jüngeren Tieren auf, so etwa bis zum Alter von vier Jahren. Und da wiederum neigen interessanterweise vor allem nicht kastrierte Hündinnen dazu.
Erste Anzeichen: An mehreren Gelenken treten schmerzhafte Entzündungen auf, die Weichteile sind geschwollen, der Hund fiebert und lahmt einige Tage. Die Gelenke sind verdickt, steif und fühlen sich sehr warm an. Die Symptome können auch «springen». Das heißt, sie treten an verschiedenen Gelenken abwechselnd auf. Die Beschwerden verschwinden für Tage oder Wochen, setzen in Schüben aber immer wieder ein. Mit jedem Rückfall verschlimmert sich das Leiden.
Die genaue Entstehung der rheumatoiden Polyarthritis ist noch unbekannt. Man vermutet eine sogenannte Autoimmunerkrankung: Der Körper richtet seine Abwehr sozusagen gegen sich selbst. Normalerweise bildet der Organismus nur Antikörper gegen körperfremde Eindringlinge wie Bakterien oder Viren. Bei einer Autoimmunerkrankung bekämpft er auch körpereigene Stoffe.
Neben der Untersuchung auf typische Symptome (immer wiederkehrende fieberhafte Gelenksentzündung) und Röntgenaufnahmen wird in Deutschland auch schon der «Rheuma-Faktor-Test» eingesetzt. Mit einem Bluttest kann man feststellen, ob der Hund gegen körpereigene Eiweißstoffe Antikörper gebildet hat. Bei 40 bis 70 Prozent aller Hunde mit rheumatoider Polyarthritis fällt der Test positiv aus. Eine wirkungsvolle Therapie ist derzeit noch nicht bekannt. Man kann nur mit schmerzstillenden und entzündungshemmenden Mitteln die Beschwerden lindern.

Bei der Katze

Erkrankungen der Gliedmaßenknochen und Gelenke spielen bei der Katze eine geringere Rolle als beim Hund. Der Grund dafür ist unter anderem sicherlich auch das wesentlich geringere Körpergewicht.

Im Falle von Rachitis, Verlagerung der Kniescheibe und Kreuzbandriß gilt das bereits für den Hund Gesagte. Ebenso bei der Hüftgelenksdysplasie, wobei aber noch ergänzend hinzuzufügen ist:
Bei ungefähr 18 Prozent aller Katzen kann man mit einer Hüftgelenksdysplasie (HD) rechnen. Wie beim Hund ist diese Krankheit erblich bedingt. Die Winkelmessung nach Norberg-Olsson ist auch bei der Katze möglich. Ein gesundes Katzenhüftgelenk muß einen Winkel von mindestens 95 Grad aufweisen (beim Hund ist das bereits eine mittelgradige HD).
Leichte Fälle werden bei den Samtpfoten mit schmerzstillenden und entzündungshemmenden Mitteln und Ruhigstellung behandelt.
Schwere HD muß operiert werden. Bereits nach zwei Wochen können die Katzen das betroffene Bein wieder problemlos belasten.

Beckenbruch

Wenn der Hausgenosse die Hinterbeine plötzlich nicht mehr bewegen kann, glauben viele Tierbesitzer, die Katze sei gelähmt. Meist handelt es sich aber um einen Beckenbruch als Folge eines Verkehrsunfalles oder eines Schlages mit einem schweren Gegenstand.
Die Röntgenaufnahme bringt Klarheit. Sind die Bruchstellen nicht verschoben, genügt zwei- bis dreiwöchige Ruhigstellung im Käfig, damit der Bruch wieder zusammenwächst. Verschobene Brüche hingegen erfordern chirurgische Maßnahmen. Bei jedem Beckenbruch müssen Sie überprüfen, ob das Tier Blase und Darm entleeren kann, um «Selbstvergiftung» zu verhindern.
Bei der Heilung jedes Beckenbruches verengt sich der Beckendurchmesser. Deshalb achten Sie bitte bei der Futterzusammenstellung darauf, daß keine Verstopfung entstehen kann. Weibliche Katzen sollten nach Beckenbrüchen keine Jungen mehr bekommen.

Zerrungen der Gelenkskapselbänder

Viel häufiger als Beinbrüche sind bei Katzen Zerrungen (auch Verstauchungen genannt) nach Sprüngen oder Stürzen aus großer Höhe. Der Grund dafür ist folgender: Die Katze kann im freien Fall ihre Körperhaltung so lenken, daß sie die Wucht des Aufpralls mit allen vier Pfoten abfängt. Je nach Schweregrad gehen die Tiere mehr oder weniger lahm. Absolute Ruhigstellung ist notwendig, da sonst aus der Zerrung eine Gelenksentzündung entsteht.

Gelenksentzündungen

Gelenksentzündungen können außer nach oben erwähnten Zerrungen auch als Folge von Infektionen entstehen. Die Gelenke sind geschwollen, die Samtpfoten hinken, weil das Auftreten schmerzt. Bei infektiös bedingter Gelenksentzündung muß der Tierarzt mit Antibiotika behandeln.

Beinamputation

Aus verschiedenen Gründen – zum Beispiel als Folge vernachlässigter infizierter Brüche oder brandiger Geschwüre – kann eine Beinamputation notwendig werden. Diese ist bei der Katze keine Tierquälerei, da sich Katzen auch auf drei Beinen flink und sicher bewegen können.

13

Erkrankungen der Wirbelsäule

Bei Hund und Katze besteht die Wirbelsäule aus sieben Halswirbeln, 13 Brustwirbeln, sieben Lenden- und drei Kreuzwirbeln, die zum Kreuzbein verwachsen sind, und 20 bis 30 Schwanzwirbeln. Die einzelnen Wirbel bilden zusammen die Wirbelsäule. Jeder Wirbel besteht aus Wirbelbogen, Wirbelkörper und Wirbelloch. Durch die aneinandergereihten Wirbellöcher zieht sich das Rückenmark mit seinen Nervensträngen. Zwischen den Wirbelkörpern liegen – sozusagen als Stoßdämpfer – die Bandscheiben (ein Faserring mit gallertartigem Kern).

Dieser Gallertkern neigt zur Verkalkung und ist deshalb häufig Ursache von Beschwerden. Erkrankungen der Wirbelsäule sind beim Hund genauso häufig wie beim Menschen, wobei es ganz typische Erkrankungen für kleine bzw. große Hunderassen gibt. Katzen erkranken eher selten an der Wirbelsäule.

Die wohl bekannteste Wirbelsäulenerkrankung ist die *Dackellähmung.* Es handelt sich dabei um einen Bandscheibenvorfall. Dackel, Bassets, Pudel, Spaniels, Beagle, Pekinesen und Französische Bulldoggen sind gefährdete Rassen. Bereits im Alter von etwa vier bis sechs Jahren beginnen die Gallertkerne zu verkalken. Dadurch verlieren die Bandscheiben ihre Elastizität, die Stoßdämpferwirkung wird geschwächt. Schließlich reißt der Faserknorpelring, der den Gallertkern umgibt, ein. Die zerfallenden, verkalkten Gallertmassen dringen in den Wirbelkanal ein und drücken auf Nerven und Rückenmark. Die Folge sind Entzündungen, die dem Tier arge Schmerzen bereiten und schließlich zu teilweiser oder vollständiger Lähmung der Vorder- oder Hinterbeine führen. In seltenen Fällen, wenn die Zerfallsmassen des Gallertkerns innerhalb weni-

So schöne blaue Augen – aber leider anfällig für die herdförmige Hornhautnekrose.

Li. oben: Hier fehlt das Katzengitter! Re. oben: Auch Katzenzähne müssen gepflegt werden. Unten: Dieses Spielzeug ist groß genug, um nicht verschluckt zur werden.

Links:
Europäische
Kurzhaarkatze,
silbergestromt.
Unten: Karthäuser

Oben: Für die soziale Entwicklung des Kindes sind Haustiere besonders wertvoll. Unten: Gut gemeinsam zu halten: Hund und Katze.

ger Sekunden vorfallen, sind plötzlich alle vier Beine gelähmt. Dann sterben die Hunde im sogenannten Rückenmarkschock.
Beim *Bandscheibenvorfall im Brust- und Lendenwirbelbereich* ziehen die Hunde den Rücken krumm und sind gegen jede Berührung der Rückenmuskulatur empfindlich. Tierbesitzern fällt zuerst auf, daß ihr Liebling nur mit Mühe Stiegensteigen kann und nicht mehr an seinem Besitzer hochspringen oder auf erhöhte Liegeplätze springen will. Die Schmerzen können zwar kurzfristig nachlassen, kommen aber wieder und gehen in teilweise oder vollständige Lähmung des Hinterteils über. Die Hunde schleppen die Hinterbeine nach. Es kommt zur Harn- und Kotverhaltung oder zur Unfähigkeit, die Ausscheidungen zu halten, weil die Tiere die Kontrolle über ihre Ausscheidungsorgane verlieren.
Es kommt auf das jeweilige Stadium der Erkrankung an, welche Maßnahmen der Tierarzt ergreift. Hat das Tier Schmerzen mit Bewegungseinschränkung und sind die Hinterbeine teilweise gelähmt, so kann die sogenannte konservative Methode versucht werden: hochdosierte Vitamininjektionen, Injektionen zur Muskelentspannung und entzündungshemmende Injektionen. Auch Chiropraktik (Einrenken der Wirbel) kann helfen. Wichtig ist jedoch lokale Wärme. Der Hund sollte warme Hundepullover tragen. Physikalische Therapie wie Mikrowelle und Kurzwelle beeinflußt die Erkrankung positiv. Zu Beginn der Therapie brauchen die Hunde Ruhe und sollten sich möglichst wenig bewegen (am besten vorübergehend im Käfig halten). Später ist häufige, aber nicht zu anstrengende Bewegung wichtig, zum Beispiel einmal um den Häuserblock gehen. Stiegensteigen sollten die kranken Vierbeiner aber noch nicht. Sie sollten Ihren Liebling hinauf- und hinuntertragen. Die Heilungsdauer beträgt etwa acht Wochen. Wenn jedoch immer wieder Rückfälle auftreten, sollten Sie sich zur Operation entschließen.
Bei Hunden, die bereits vollständig gelähmt sind, aber die Haut an den gelähmten Gliedmaßen noch sensibel reagiert, darf höchstens zwei Tage lang die konservative Methode angewandt werden. Ist während dieser Zeit keine wesentliche Besserung zu bemerken, muß operiert werden.
Ist bei vollständiger Lähmung auch keine Hautsensibilität und kein Schmerzempfinden mehr vorhanden, muß sofort operiert werden. In diesem Fall ist die Heilung jedoch fraglich. Beachten Sie, daß in allen

Fällen von Dackellähmung bei Kot- und Urinverhaltung die Harnblase dreimal täglich und der Darm zweimal täglich künstlich entleert werden müssen.
Beim *Bandscheibenvorfall im Halswirbelbereich* haben die Tiere starke Schmerzen im Vorderbereich des Körpers – man spricht von Schulter-, Oberarm- und Halssyndrom. Die armen Vierbeiner schreien oft laut und anhaltend vor Schmerzen. Der Kopf wird steif und tief gehalten, die Vorderbeine lahmen. Als Therapie ist eine Operation zu empfehlen, da die Erfolgsaussichten hier wirklich sehr gut sind. Dabei werden sowohl die vorgefallenen, als auch die benachbarten verkalkten Gallertkerne entfernt. Daher muß auch kein Rückfall befürchtet werden.
Abschließend ist noch zu sagen, daß sich bei allen Rassen ungefähr ab dem zehnten Lebensjahr die Bandscheibenstrukturen verändern. Dadurch wölben sich die Faserknorpelringe in den Wirbelkanal vor – es kommt zum Vorfall des Gallertkerns, der jedoch nicht verkalkt ist. Es treten jedoch ebenfalls Lahmheiten auf. Sehr häufig findet man dieses Altersleiden bei Schäferhunden.
Die *Verknöcherung der harten Rückenmarkshaut (Duraverknöcherung)* ist eine Alterskrankheit und trifft ebenfalls sehr häufig Schäferhunde. Die harte Rückenmarkshaut bildet die äußerste Hülle des Rückenmarks. Durch Zellveränderungen verknöchert die Rückenmarkshülle. Die Ursache ist noch unbekannt. Früher hielt man diese Veränderung fälschlicherweise für die Ursache von Lahmheiten. Wie man aber heute weiß, verursacht diese Verknöcherung keine Beschwerden. Sie ist meist ein Zufallsbefund bei Röntgenuntersuchungen.
Die *Spondylose* betrifft alle Hunde, besonders aber große Rassen. Bei der Spondylose bilden sich an den unteren Enden der Wirbelkörper zahnartige, knöcherne Zacken, die beim Bewegen schmerzen. Im fortgeschrittenen Stadium wachsen die knöchernen Zacken zu den typischen spondylitischen Brücken zwischen den Wirbelkörpern zusammen. Die Wirbelsäule wird dadurch steif, das Tier verspürt dann keine Schmerzen mehr.
Sehr selten kann es vorkommen, daß diese Brücken brechen, was überaus schmerzhaft ist. Die Brüche sind leider unheilbar.
Die *Diskospondylitis* ist eine infektiöse Entzündung von Bandscheiben, Wirbelkörpern und umgebender Muskulatur. Der Ursprung der Infektion

liegt meist in einem Organsystem. Die Erreger gelangen über die Blutbahn zur Wirbelsäule. Die Brucella-canis-Infektionen etwa haben ihren Ursprung in den Geschlechtsorganen (Hodenentzündung).
Von Diskospondylitis sind am häufigsten große Hunde wie zum Beispiel Deutsche Schäferhunde und Deutsche Doggen betroffen. Und da wiederum sind Rüden anfälliger als Hündinnen. Die Symptome sind Fieber, Schmerzen, Überempfindlichkeit bei Berührung im Rückenbereich und Lähmungserscheinungen.
Zur genauen Diagnose muß der Arzt unbedingt eine Röntgenaufnahme machen. Leider wird die Diskospondylitis von Tierbesitzern nicht früh genug ernst genommen, weil die Krankheit chronisch schleichend verläuft. Als Ursache kommen verschiedene Erreger, aber auch wandernde Fremdkörper wie Grannen von Gräsern, die in die Schleimhaut von Nase oder Rachenraum oder in Wunden geraten, in Frage.
Ein gefährlicher Erreger ist das Bakterium Brucella canis. Brucellen gehören zu den Zoonose-Erregern, das heißt, sie sind vom Tier auf den Menschen übertragbar. Als Therapie werden Antibiotika und schmerzstillende Mittel gegeben. Je früher das Tier behandelt wird, desto größer ist die Hoffnung auf Erfolg. Sehr oft treten Diskospondylitis und Spondylose gemeinsam auf.
Eine weitere Wirbelsäulenerkrankung ist das *Cauda Equina Syndrom.* Cauda Equina nennt man das kegelförmige Rückenmarksende mit den umgebenden Nervenfasern – es erinnert an einen Pferdeschwanz, deshalb der Name (Equus heißt auf lateinisch Pferd). Vor allem große Hunde sind betroffen, allen voran der Deutsche Schäferhund.
Beim Cauda Equina Syndrom werden die Nerven im Bereich des Rückenmarkendes zusammengedrückt, was zu argen Schmerzen führt. Ursache können zum Beispiel Tumoren oder Gefäßstauungen sein, sehr häufig aber auch Erkrankungen des Wirbelkanals und der Zwischenwirbellöcher, die dann auf die Nervenbahnen drücken. Dies führt dazu, daß die Hinterbeine der Tiere geschwächt sind, sie schleifen die Zehen nach. Schließlich kommt es zur Schwanzlähmung, starken Schmerzen und abnormen Empfindungen wie Kribbeln oder Taubheitsgefühl. Die kranken Tiere schlecken andauernd die betroffenen Bereiche ab – besonders Schwanz und After –, was bis zur Selbstverstümmelung führen kann. Kot und Harn können nicht mehr gehalten werden. Die Schmer-

zen im Lenden- und Kreuzbereich sind mitunter so stark, daß der vierbeinige Patient zusammensackt, wenn man ihn abtastet. Auch das Strecken der Hinterbeine ist so schmerzhaft für das Tier, das auf keinen Fall mehr springen will – nicht einmal mehr ins Auto. Operation ist die einzige Behandlungsmöglichkeit, die von dauerhaftem Erfolg ist.

Da Katzen, wie jeder weiß, sehr eigenwillige Hausgenossen sind, wollen sie nur noch Leber fressen, wenn sie diese einmal gekostet haben. Wenn Sie diesem Wunsch Ihrer Samtpfote nachgeben, werden sich schon nach einigen Monaten die Anzeichen einer *Vitamin-A-Vergiftung* zeigen, denn Leber enthält ausgesprochen viel Vitamin A.

Eine Überdosis an Vitamin A bringt den Knochenstoffwechsel durcheinander, was zu krankhaften Veränderungen an Hals-, Brust- und Lendenwirbelsäule sowie Beinskelett führen kann. Es bilden sich schmerzhafte Knochenauflagerungen an der Wirbelsäule, den großen Gelenken und Rippen. Die Beine sind verkürzt. Manchmal nehmen die Katzen eine känguruartige Stellung ein. Meist bringen Tierbesitzer ihre Lieblinge erst dann zum Arzt, wenn sich die Katzen vor Schmerzen nur noch mühsam bewegen können.

Aufgrund von Röntgenaufnahmen und der Vorgeschichte (Leberfütterung) kann der Tierarzt die Diagnose stellen. Am wichtigsten für eine erfolgreiche Therapie ist es, daß Sie die Fütterung sofort umstellen. Leber darf auf keinen Fall mehr gegeben werden. Auch dann nicht, wenn die Samtpfote in den Hungerstreik tritt, was ohne weiteres sein kann. Lassen Sie sich nicht erweichen. Einige Tage ohne Futter verkraftet die Katze unter Aufsicht des Tierarztes leicht. Am besten, Sie verwenden in Zukunft fertiges Futter. Denn unter den vielen Geschmacksrichtungen findet sich bestimmt etwas, das Ihre Katze mag.

14

Haare, Haut und Allergien

Die Beschaffenheit des Fells sagt sehr viel über die Gesundheit Ihres Tieres aus und auch darüber, wie es gepflegt wird. Welcher Tierbesitzer freut sich nicht über schönes, glänzendes Fell seines Gefährten. Veränderungen des Haarkleides sind für Sie ein Zeichen, daß irgend etwas mit Ihrem Liebling nicht in Ordnung ist. Sei es, daß ihm Mineralstoffe oder Vitamine fehlen oder vielleicht eine ernsthafte Erkrankung vorliegt.
Jedes einzelne Haar ist ein Gebilde der Oberhaut und steckt mit der Haarwurzel im Haarbalg, der in tieferen Schichten der Haut eingesenkt ist und das Haar mit Nährstoffen aus dem Blut versorgt. Das Einzelhaar besteht aus drei Schichten. In die äußerste ist ein Farbstoff eingelagert, der die Haarfarbe bestimmt. Je mehr Luft in der innersten Schicht des Haares, der Markschicht, eingelagert ist, desto heller ist das Fell – bis hin zu strahlendem Weiß. Besitzt das Haar einen Markstrang, ist es glatt, ohne Markstrang stark gewellt.
Im Gegensatz zum Menschen, bei dem Haare kontinuierlich ausfallen und wieder nachwachsen, machen Hunde und Katzen zweimal jährlich einen starken Haarwechsel durch. Er dauert etwa drei bis fünf Wochen. Besonders Tiere mit langen, dichten Haaren müssen während dieser Zeit gut gepflegt werden. Bürsten allein genügt nicht, weil Sie dann nur die an der Oberfläche liegenden Haare entfernen. Die abgestorbenen, tieferliegenden erwischen Sie am besten mit einem engzahnigen Kamm. Katzen mögen es manchmal nicht sehr gerne, wenn sie mit Bürste und Kamm «bearbeitet» werden. Sie erledigen die Haarpflege mit ihrer rauhen Zunge lieber selbst. Besonders während des Haarwechsels schlucken die Samtpfoten aber Unmengen von Haaren, die sie norma-

lerweise als Haarbälle wieder erbrechen. Wenn nicht, können die Haarklumpen im Darm Verstopfung verursachen. Sie erleichtern Ihrer Katze das Erbrechen, wenn Sie Ihr – zumindest während der Periode des Haarwechsels – Katzengras, Hafer oder Schnittlauch (in Töpfen) zum Abknabbern zur Verfügung stellen.
Jedes Haar setzt sich überwiegend aus Eiweißstoffen und großen Mengen von Spurenelementen – besonders Kupfer und Zink – zusammen. Während des Haarwechsels benötigt der Körper große Mengen davon. Etwa 20 Prozent mehr Eiweiß sind dann gerade richtig, was Sie bei der Fütterung beachten sollten. Es gibt auch schon Präparate, die in einem ausgewogenen Verhältnis an Vitaminen, Spurenelementen und Eiweiß zusammengesetzt sind. Auch Hefe, unter die Nahrung gemischt, ist empfehlenswert, weil die darin enthaltenen B-Vitamine Glanz und Schönheit des Fells fördern.
Trotz Bemühungen der Tierbesitzer kommt es leider doch auch immer wieder zu krankhaftem Haarausfall. Wenn die Ursache dafür nicht eine entzündliche Grunderkrankung der Haut ist, spricht der Mediziner von Alopezie.
Die angeborene Form findet man rassebedingt bei Nackthunden. Aber auch einige kurzhaarige Zwergrassen, wie etwa der Kurzhaardackel, neigen zu angeborener spärlicher Behaarung in der seitlichen Stirngegend und seitlich an den Ohrmuscheln.
Eine totale Alopezie wie bei den Nackthunden gibt es bei der Katze nicht. Manchmal findet man lediglich eine geringfügige Haarlosigkeit seitlich unterhalb des Ohres und auf der Stirn, in Form eines kleinen Dreiecks – besonders gut sichtbar bei schwarzen Samtpfoten.

Verweiblichkeitssyndrom beim Rüden

Tritt immer wieder bei älteren Hunden auf. Eine hormonelle Störung, die Haarausfall am Rücken, an den Flanken, am Unterbauch in der Leistengegend und zwischen After und äußeren Geschlechtsorganen auslöst. Die Rüden erwecken ein abnormes geschlechtliches Interesse bei anderen Rüden. Dieses Problem löst man am besten mit der Kastration. Innerhalb weniger Monate nach der Operation wachsen die Haare wieder vollständig nach.

Haarausfall bei Hündinnen nach dem Werfen

Großflächiger Haarausfall bei Hündinnen kurz nach dem Werfen ist ebenfalls hormonell bedingt, aber nicht besorgniserregend. Wenn sich der Hormonhaushalt wieder normalisiert hat und Sie die Hündin ausgewogen füttern, wachsen die Haare in Kürze wieder nach.

Unterfunktion der Schilddrüse

Das Schilddrüsenhormon Thyroxin ist für die Bildung der Haare sehr wichtig. Unterproduktion führt zu Haarlosigkeit, die am Hals, Nasenrücken, Ohrmuscheln, Vorderbrust und am Nacken beginnt und sich über Flanken, Rücken und Nierengegend ausbreitet. Die Haut verdickt sich. Hornsubstanzen (Keratin) sammeln sich in den Haarbälgen und bilden warzenartige Pfropfen auf dem Rücken. Außerdem lagern sich dunkle Farbstoffe in die Haut ein. Die Unterfunktion tritt häufiger bei weiblichen Tieren auf. Sie wird mit Schilddrüsenpräparaten behandelt, die meist ein Leben lang verabreicht werden müssen. Der Erfolg ist jedoch gut.

Haarausfall und Schwarzfärbung der Haut

Auch bei der Schwarzfärbung (Akanthose) der Haut nehmen Mediziner eine hormonelle Störung an. Sie befällt nur kurzhaarige Rassen, und da fast nur Dackel. Die Hautveränderungen (Haarausfall und Schwarzfärbung) beginnen in den Achselhöhlen und breiten sich über Bauch, Leistengegend, Dammbereich und Innenschenkel aus. Die Haut wird auch dick und faltig. Kortison-, Hormon- und Schilddrüsenmedikamente werden zur Behandlung eingesetzt. Die Aussichten sind jedoch nicht sehr gut. Meist muß man froh sein, wenn man die Hautveränderungen in erträglichem Rahmen halten kann.

Haarausfall durch Überfunktion der Nebennierenrinde (Cushing-Syndrom)

Normalerweise produziert die Nebennierenrinde eine bestimmte Menge des Hormons Kortison, das der Organismus für den Kohlenhydratstoff-

wechsel braucht. In manchen Fällen wird zuviel Kortison ausgeschüttet, zum Beispiel, wenn die Nebenniere von einem Tumor befallen ist.
Zuerst reagiert das Tier mit Heißhunger, auffallendem Durst, vermehrter und verstärkter Harnentleerung. Erst Monate später fallen die Haare beidseitig symmetrisch aus, und die Haut wird dünn, unelastisch, schuppig und dunkel. Nur der Kopf und die unteren Gliedmaßen bleiben vom Haarausfall verschont. Die Tiere werden schließlich schwach und träge, bekommen einen Hängebauch und setzen Fett an. Die verstärkte Kortisonproduktion setzt auch die Infektionsabwehr des Körpers herab. Deshalb kommt es oft zu ringförmigen Eiterungen auf der Haut.
Im Gegensatz zum Hund verliert die Katze die Haare hauptsächlich am Bauch. Auch Wunden heilen sehr schlecht. Leider wird die Überfunktion der Nebennierenrinde bei der Katze häufig erst dann entdeckt, wenn daraus schon eine Zuckerkrankheit entstanden ist, die oft schon so weit fortgeschritten ist, daß man sie nur noch schwer regulieren kann.
Therapie: Entweder wird die Nebenniere entfernt, oder aber der Arzt versucht, die Hormonproduktion durch Medikamente zu unterdrücken. Nach etwa einem halben Jahr wachsen die Haare wieder nach, der Hund bekommt ein normales Haarkleid, dessen Farbe jetzt aber anders sein kann als vor der Erkrankung. So wird vielleicht aus einem grauen Hund ein schwarzer.

Haarverfilzungen (Trichome)

Langhaarkatzen, die sich nicht gerne bürsten lassen oder deren Besitzer sich zuwenig Zeit für die Fellpflege nehmen, sind manchmal am ganzen Körper so verfilzt, daß man den Eindruck hat, die Katze stecke in einem zerbeulten Panzer. Bei einer so hochgradigen Verfilzung (Trichombildung) gelangt keine Luft mehr an die Haut. Es entstehen Exzeme und Juckreiz unter dem Haarpanzer. Spätestens dann stürmen verzweifelte Tierbesitzer die Ordination und bitten um rasche Hilfe. Der Arzt kann nur noch mit der gebogenen Schere und einer Schermaschine das verfilzte Fell entfernen. Was sehr vorsichtig geschehen muß, weil tiefe Schnitte in die Haut sehr leicht passieren. Sehr unruhigen und widerspenstigen Katzen muß sogar eine Narkose gegeben werden. Erst wenn der Filzpanzer entfernt ist, kann man die akuten Ekzeme behandeln.

Das Beste ist natürlich, wenn Sie es erst gar nicht so weit kommen lassen. Bürsten Sie die Katze regelmäßig und gründlich und schneiden Sie kleinste Verfilzungen sofort heraus.

Kranke Psyche – kranke Haut

Hautveränderungen sind oft die Antwort auf psychischen Streß, dem die Tiere ausgesetzt sein können. Zum Beispiel, weil sie übersiedeln, der Vierbeiner starkem Lärm ausgesetzt ist oder sich die Familienzusammensetzung ändert, weil ein Baby geboren, ein neues Haustier aufgenommen wird; oder weil sich die Partner trennen oder häufig streiten. Manchmal aber auch schlicht und einfach aus Langeweile, wenn, dies trifft vor allem auf Hunde zu, die Tiere zu oft sich selbst überlassen werden oder ihr Dasein in einem Zwinger fristen müssen.
Stark gestreßte Katzen leiden regelrecht unter einem «Putzzwang» und belecken immer wieder bestimmte Hautpartien. Hautveränderungen findet man dann häufig entlang der Wirbelsäule, weil die Katze dauernd diese Linie entlang schleckt. Durch das ständige Putzen brechen die Haare, und das Fell wird zunehmend schütter.
Bei seelisch kranken Hunden findet man die Hautveränderungen hauptsächlich im unteren Bereich der Vorderbeine. Die Tiere lecken die Haut nicht nur, sondern kauen oft sogar daran – ähnlich dem Nägelbeißen bei Kindern. Mit der Zeit gehen die Haare aus, die Haut rötet sich und bildet Geschwüre und Eiterungen.
Das Wichtigste jeder erfolgreichen Therapie: Sie müssen herausfinden, was dem Tier seelisch so zu schaffen macht, und versuchen, seine Lebensumstände zu verändern. Der Tierarzt kann mit Medikamenten nur kurzfristig Besserung der Symptome erzielen. Hält der Streß an, kommt es sehr bald zum Rückfall. Sie helfen Ihrem Gefährten am besten, wenn Sie sich besonders liebevoll um ihn kümmern, beruhigend auf ihn einreden und sich viel mit ihm beschäftigen.

Was ist ein Ekzem?

Ein sehr beliebter und häufig verwendeter Ausdruck für Hauterscheinungen ist bei Tierbesitzern und medizinischen Laien überhaupt das Wort

«Ekzem». Das Ekzem ist aber immer nur ein Symptom für eine bestimmte Hautkrankheit. Die Aufgabe des Tierarztes ist es, die Ursache, also die Grundkrankheit herauszufinden und zu behandeln, denn dann verschwindet auch das Ekzem.
Ekzeme können bei jeder Hauterkrankung auftreten, egal ob sie durch Parasiten, Bakterien, Pilze, innere Erkrankungen oder Allergien verursacht werden. Man unterscheidet zwei Formen: das akute nässende Ekzem mit Sekretabsonderung und Schorfbildung; und das trockene ohne Sekretabsonderung, aber mit Schuppenbildung. Allen Ekzemen ist gemeinsam, daß sie jucken und ohne Narbenbildung abheilen.

Durch Parasiten bedingte Hauterkrankungen:

Räude beim Hund

Im Gegensatz zur Ohrräude ist die Hauträude zwischen Hund und Katze nicht übertragbar, weil sich verschiedene Milbenarten auf Hund oder Katze «spezialisiert» haben.
Die Hauträude des Hundes wird Skabiose genannt. Der Vierbeiner infiziert sich meist beim Spazierengehen in direktem Kontakt mit anderen Hunden. Erste Anzeichen sind starker Juckreiz, und die Haare gehen aus. Sie lassen sich büschelweise leicht herausziehen, was beim gesunden Tier nicht möglich ist. Später zeigen sich an den befallenen Stellen Pusteln, Knötchen und Schuppen. Wenn Sie Räude bei Ihrem Gefährten nicht rechtzeitig behandeln lassen, kommt es zu größeren haarlosen Hautbezirken, die mit graubraunen Pusteln übersät sind und sich in Falten legen. In diesem fortgeschrittenen Stadium ist es schwierig, die Krankheit noch einzudämmen, in manchen Fällen sogar aussichtslos. Da die Räudemilben tief in der Haut sitzen, muß der Tierarzt zur Diagnose ein tiefgreifendes Hautgeschabsel entnehmen und unter dem Mikroskop untersuchen.
Im Anfangsstadium helfen antiparasitäre Bäder, mit denen der Besitzer den Hund regelmäßig behandeln muß. Der Tierarzt verordnet eine Injektionskur sowie Salben und Tinkturen gegen Juckreiz und Entzündungen. Obwohl die Milben außerhalb der Hundehaut in trockener Umgebung nur sehr selten überleben, sollten Sie doch auch die Liegeplätze Ihres Lieblings mit antiparasitären Lösungen oder Sprays behandeln.

Viele Tierbesitzer fragen den Tierarzt, ob auch sie sich bei ihrem Gefährten mit Räude anstecken können. Manchmal bilden sich bei Menschen, die engen Kontakt zu räudigen Tieren haben, an Rumpf und Armen juckende Knötchen. Diese verschwinden jedoch ohne Therapie nach drei bis vier Wochen, da sich Räudemilben am Menschen nicht halten und vermehren können.

Räude bei der Katze

Sie ist von Katze zu Katze sehr ansteckend und befällt Samtpfoten jeden Alters. Es entstehen Pusteln, die in kleieartige Beläge und schließlich in zerklüftete Krusten übergehen und heftig jucken. Die Haare fallen aus. Die Hautveränderungen zeigen sich an den Ohrrändern und breiten sich rasch über Ohrmuscheln, Kopf und Nacken aus. Wenn Sie bei diesen Symptomen Ihren Liebling nicht rechtzeitig zum Tierarzt bringen, breitet sich die Räude über den ganzen Körper aus. Der Arzt verabreicht milbentötende Injektionen und trägt antiparasitäre Lösungen auf. Die Heilungschancen sind sehr gut.

Demodikose

Ebenfalls eine häufige Milbenerkrankung ist die Demodikose. Auch sie kann nicht zwischen Hund und Katze übertragen werden, da jeweils eine eigene Milbenart spezialisiert ist. Die sogenannte lokalisierte Demodikose findet man meist bei Junghunden mit haarlosen, leicht geröteten, schuppigen Stellen am Kopf und teilweise auch an den Beinen, die jedoch im Unterschied zur Räude nicht jucken. Diese Form der Demodikose heilt jedoch leicht, oft sogar ohne Therapie, innerhalb von vier bis acht Wochen.
Schwieriger ist da schon, die sogenannte generalisierte Form der Demodikose in den Griff zu bekommen. Sie kann durch falsche Behandlung der lokalisierten Form zum Beispiel durch Kortisongaben oder durch eine allgemeine Schwächung des Organismus entstehen. Gefährdet sind also eher ältere Tiere. Es kommt zur Entzündung der Haarbälge und Eiterung der Haut. In diesem Fall muß der Tierarzt den Vierbeiner scheren und mit antiparasitären Waschungen und Antibiotika behandeln.

Pilzerkrankungen der Haut

Pilzerkrankungen können mit und ohne Juckreiz auftreten. Es bilden sich meist kreisrunde, haarlose Stellen. Bei starkem Befall umgeben die Pilze das Haar mit so dicken Belägen, daß man sie sogar mit freiem Auge wahrnehmen kann. Pilze rufen auch die verschiedensten Ekzemformen hervor. Die Ekzeme entstehen dadurch, daß die Stoffwechselprodukte der Pilze in die Haut gelangen und dort entzündliche Prozesse auslösen.

Hunde und Katzen leiden meist an *Dermatophytosen.* Das sind oberflächliche Pilzinfektionen. Sie betreffen nur die verhornten Schichten von Haut, Haaren und Nägeln. Diese Pilzerkrankungen sind äußerst ansteckend. Es handelt sich um sogenannte Zoonosen, das heißt, sie sind sowohl von Tier zu Tier als vom Tier auf den Menschen übertragbar. Die Infektion erfolgt entweder durch direkten Kontakt oder über Gegenständen wie Bürsten, Kämme, Decken, Schuppen, Haare usw. Hautpilze können sich in trockener Umgebung über Jahre infektionsfähig erhalten. Außerdem gibt es Tiere, die sogenannte latente Pilzträger sind. Das heißt, sie erkranken selbst nicht, können aber die Pilze auf den Menschen oder andere Tiere übertragen.

Anzeichen bei Hautpilzbefall sind abgebrochene Haare, haarlose Stellen, Schuppung und Rötung, manchmal auch kreisförmige Glatzflechten. Die Pilze befallen bevorzugt Kopf und Beine. Beim HUND sind stark entzündete, juckende Hautveränderungen am Nasenrücken typisch. Katzen zeigen fleckenförmigen Haarausfall. Sie sehen aus, als wären sie von Motten zerfressen, mit abgebrochenen, kurzen Stoppelhaaren und pulvrigen Schuppen.

Für eine erfolgreiche Behandlung muß der kranke Vierbeiner großzügig geschoren werden. Dadurch wird ein Großteil der Pilzsporen beseitigt. Die Räume, in dem das Tier lebt, desinfizieren Sie am besten gründlich und wechseln Decken und Polster aus. Die Vierbeiner selbst werden mit Anti-Pilz-Bädern und Cremes behandelt. Sehr wichtig sind auch Tabletten gegen Pilze, die über einen längeren, vom Arzt vorgeschriebenen Zeitraum verabreicht werden müssen. Geben Sie das Medikament zusammen mit den Mahlzeiten, denn auf nüchternen Magen erbricht der vierbeinige Patient leicht. Normalerweise bringt eine Therapie von ungefähr acht Wochen Erfolg. In hartnäckigen Fällen ist es empfehlenswert, die Schur des Haarkleides zu wiederholen.

Akne

Es wird Sie vielleicht wundern, aber auch Hunde und Katzen können an Akne erkranken. Schuld sind Bakterien, die Knötchen und Pusteln (sie entwickeln sich aus Mitessern) am Kinn und auf den Lippen verursachen. Manchmal treten sogar Furunkel auf. Hunde bekommen meist nur im Alter von drei Monaten bis zu einem Jahr Akne. Man findet sie häufig bei Boxern, Dänischen Doggen und Englischen Bulldoggen.
Katzen können in jedem Alter befallen werden. Denn die Samtpfoten sind unfähig, das Kinn zu putzen, dadurch verschmutzt die Haut und ist ein idealer Nährboden für Bakterien.
Behandlung der Akne: Die befallenen Stellen müssen gründlich gereinigt und desinfiziert werden. In hartnäckigen Fällen verabreicht der Arzt Antibiotika. Anfällige Katzen schützen Sie am besten vor Akne, wenn Sie ihr Kinn einmal in der Woche mit Alkohol reinigen.

Pododermatitis

Eine äußerst schmerzhafte und unangenehme bakterielle Infektion der Hundepfoten ist die Pododermatitis. Schon kleinste Verletzungen , wie das Eintreten eines Dorns, Kieselsteins oder einer Granne, verursachen hochgradige Entzündungen und Eiterungen zwischen den Zehen und Ballen. Meist ist nur eine Pfote befallen. Die Pododermatitis kann aber auch durch Milben ausgelöst werden, dann entzünden sich beide Pfoten.

Hautabszesse

Raufereien hinterlassen oft ihre Spuren – bei Gewinnern und Verlierern. Kleine Verletzungen sind schnell gebissen oder gekratzt. Wenn sich die Wunden durch Schmutz infizieren, entwickeln sich Abszesse. Grundsätzlich können sie überall am Körper auftreten, häufige Stellen sind nach Raufereien jedoch Schwanz und Beine.

Anfangs sind Abszesse für den Tierbesitzer nicht leicht zu entdecken. Meist nimmt er zuerst beim Streicheln seines Lieblings eine Beule wahr, die derb und fest ist und sich im Laufe der Zeit vergrößert. Schließlich fühlt sie sich wärmer als der übrige Körper des Vierbeiners an, wird weich und gibt auf Druck nach. Gleichzeitig fällt auch die allgemeine Veränderung des Tieres auf: Es liegt den ganzen Tag müde und lustlos umher und verweigert die Nahrung. Auch Fieber kann sich einstellen.

Abszesse bei Hunden und Katzen öffnen sich nur höchst selten von alleine nach außen. Unbehandelt gefährden sie die Gesundheit des Vierbeiners. Denn die Bakterien und ihre Giftstoffe können sich über das Blut im ganzen Organismus ausbreiten und vergiften andere Organe wie Leber, Nieren, Herz oder Gehirn.

Diese Komplikationen lassen sich nur durch rechtzeitige Behandlung verhindern. Der Tierarzt spaltet den Abszeß mit einem raschen Schnitt, so daß der Inhalt abfließen kann. Meist wird er auch Antibiotika verabreichen. Wichtig ist, daß Sie die Wunde durch regelmäßige Bäder offen halten, damit der Abszeß von innen nach außen abheilen kann.

Raufereien sind vor allem bei Katzen Ursache für Abszesse. Tierbesitzer sollten sich daher überlegen, wie sie ihren Liebling davon abhalten. Die Kastration ist ein wichtiger Beitrag, nicht nur ungehemmter Vermehrung vorzubeugen, sondern auch Raufereien zu verhindern. Außerdem sollte man darauf achten, die Katze zumindest nachts im Haus zu behalten. Denn nachts geraten die meisten Katzen einander ins Fell.

Bei Hunden hilft nur, daß Sie leidenschaftliche Raufer meiden und deren Besitzer bitten, ihrem Raufbold einen Beißkorb anzulegen.

Liegeschwielen

Besonders bei großen Hunderassen wie Schäfer oder Doggen bilden sich an Ellbogengelenken und Sprunggelenken haarlose, verdickte, schwielige Hautstellen. Oft entzünden sie sich auch und eitern. In vielen Fällen ist Übergewicht der Vierbeiner schuld an den Hautveränderungen. Denn je schwerer der Hund, desto ausgeprägter die Liegeschwielen. Und/oder das Tier liegt auf hartem oder kaltem Untergrund. Treten die Schwielen bei Ihrem Liebling auf, muß sie der Tierarzt wahrscheinlich chirurgisch entfernen. Dann sollen Sie dafür sorgen, daß der

Hund abnimmt und auf einer ordentlichen Matratze liegen kann. Legt er sich trotzdem auf kalte, harte Plätze, ist es am besten, Sie fertigen ihm Ellbogenschoner an.

Das Eosinophile Geschwür

Tritt bevorzugt an der Oberlippe von Katzen auf und versetzt deren Besitzer oft in Schrecken. Denn das Geschwür zerfrißt die Oberlippe. Und es sieht aus, als würde ein Stück fehlen. Die Katze hat aber keine Schmerzen. Manchmal breitet sich das Geschwür auch auf die Mundschleimhaut aus. Die Ursache ist nicht bekannt. Möglicherweise handelt es sich um eine Überempfindlichkeit gegen bestimmte Stoffe.

Neubildungen der Haut

Warzen, wissenschaftlich Papillome genannt, findet man sehr häufig bei alten Hunden. Oft ist der ganze Körper übersät. Sie beeinträchtigen jedoch das Wohlbefinden nicht und sind auch nicht gefährlich. Außer, einzelne Warzen beginnen zu bluten und zerfallen geschwürig, oder sie stören das ästhetische Empfinden des Tierbesitzers, dann kann sie der Tierarzt problemlos entfernen.
Bei *Tumoren der Talgdrüsen* handelt es sich um kleine, in der Haut liegende knotige Veränderungen. Sie sind fast immer gutartig, daher erübrigt sich eine Behandlung. Nur in manchen Fällen erzeugen sie Juckreiz und werden vom Vierbeiner aufgebissen. Dann muß man sie chirurgisch entfernen lassen.

Allergien

Bei manchen Menschen und Tieren sind Überempfindlichkeitsreaktionen, sogenannte Allergien, bereits im Erbmaterial festgelegt und belasten oft mehrere Generationen. Mediziner nennen das Atopie. Es werden Allergien gegen verschiedenste Umweltstoffe entwickelt. Besonders anfällig reagieren Atopiker auf Stoffe, die eingeatmet werden. Solche Inhalationsallergene sind zum Beispiel Pollen von Gräsern oder Bäumen, Hausstaubmilben, Tierhaare, kleinste Hautschüppchen von Tieren usw.

Aber auch umgekehrt können Hautschuppen des Menschen Allergien bei Vierbeinern auslösen.
Natürlich entwickeln Tiere oder Menschen auch gegen viele andere Stoffe Allergien. Das können Nahrungsmittelbestandteile ebenso sein wie Medikamente, Körperpflegemittel usw. Meist leiden Atopiker an multifaktoriell bedingten Allergien, das heißt, sie reagieren beim Allergietest auf mehrere Stoffe.
Inzwischen weiß man aber auch, daß nicht alle als Allergieauslöser ausgetesteten Stoffe auch immer Krankheitssymptome hervorrufen. Ein Beispiel dafür aus der Praxis:
Ein Mädchen, das seit vielen Jahren nur im Frühsommer an Pollenasthma (verursacht durch Gräser und Roggen) litt, bekam plötzlich ungewohnterweise auch noch im August Asthmaanfälle. Daraufhin unterzog sie sich neuerlich einem Allergietest. Es stellte sich heraus, daß sie nun zusätzlich auf Birkenpollen, Hausstaubmilbe, Mehlmilbe und Kaninchen reagierte. Der Arzt empfahl sogleich die Entfernung des Tieres. Doch das Mädchen weigerte sich, ihren geliebten Gefährten herzugeben, mit der Begründung, daß die Asthmaanfälle niemals während oder nach dem Kontakt mit dem Kaninchen auftreten. Das Mädchen behielt den Hasen, das Asthma hörte im Herbst wieder auf.
In diesem Fall erzeugt das Kaninchen trotz positiven Testergebnissen offensichtlich keine Krankheitserscheinung. Nach wie vor sind jahreszeitlich gebundene Pollen die Allergieauslöser. Daher eine Bitte an Ärzte und Tierbesitzer: Die Trennung vom geliebten Haustier soll nur nach gründlicher Prüfung aller Fakten und Möglichkeiten erfolgen. Denn oft bringt der Verlust des «Partners Tier» große seelische Probleme mit sich. Und selbst wenn der Vierbeiner tatsächlich allergische Reaktionen auslöst, gibt es noch einen Mittelweg, ohne das Tier weggeben zu müssen. Nehmen wir an, Sie reagieren auf Katzenhaare, dann sollten Sie folgende Punkte beachten:

- Das Schlafzimmer muß allergenfrei sein. Lassen Sie die Katze also nicht mehr hinein.
- Saugen Sie die Katze regelmäßig mit dem Staubsauger (auf schwache Saugleistung stellen) ab. Das Tier gewöhnt sich mit der Zeit daran.
- Baden oder waschen Sie die Samtpfote einmal wöchentlich. Man sollte es gar nicht glauben, aber viele Katzen sind regelrechte Wasser-

ratten. Selbstverständlich müssen Sie auch immer die Wohnung gründlich reinigen. Bestens bewährt haben sich auch Antiallergieflüssigkeiten, mit denen man die Katze zwei- bis dreimal wöchentlich einreibt.
- Sie können eine sogenannte Desensibilisierung versuchen. Das ist eine Injektionskur, die zwei bis drei Jahre durchgeführt werden muß. Während der Kur soll der Tierkontakt eingeschränkt werden.

Wenn sich Hund oder Katze nächtelang kratzen und laut schmatzend juckende Hautstellen aufbeißen, leiden sie meist an einer Allergie, die immer häufiger auch bei Tieren anzutreffen ist. Neben der oben beschriebenen Atopie können die Vierbeiner auch an einer Floh-, Futtermittel- und Kontaktallergie leiden.

Hund oder Katze können auf ihren Besitzer empfindlich reagieren, aber auch der Hund auf die Katze und umgekehrt. Obwohl die Verursacher der Atopie, wie erwähnt, Inhalationsallergene sind, reagieren atopische Tiere im Gegensatz zum Menschen nicht mit dem Atmungstrakt, sondern immer mit der Haut. Beim HUND zeigt sich die Atopie als juckende Hautentzündung an Pfoten, um die Augen, an der Schnauze, in den Achselhöhlen und in der Leistengegend. Weibliche Hunde sind anfälliger als männliche. Bestimmte Rassen sind stärker betroffen wie etwa Pudel, weiße Westhighland-Terrier, Foxterrier, Irische Setter und Zwergschnauzer.

Bei der KATZE finden Sie die Hautveränderungen hauptsächlich an Kopf, Hals und Gesicht. Sehr vereinzelt treten auch Asthmaanfälle auf.

Um herauszufinden, wodurch die Allergie ausgelöst wird, können Sie beim Hund – genau wie beim Menschen – Haut und Bluttests machen lassen. (Bei der Katze sind die Methoden noch umstritten.) Ergibt der Test beim Hund, daß er allergisch auf sein Herrl oder Frauerl ist, braucht der Vierbeiner nicht zu verzweifeln. Auch er kann mit einer Injektionskur unempfindlich gegen seinen Besitzer gemacht werden. Nach etwa sechs bis neun Monaten können Sie mit einer Besserung rechnen. Um die Atopie unter Kontrolle zu halten, muß dem Vierbeiner sein Leben lang alle zwei Monate eine Injektion vom Tierarzt verabreicht werden. In etwa 70 Prozent der Fälle ist die Behandlung erfolgreich.

Flohallergie

Die häufigste allergisch bedingte Hauterkrankung bei Hund und Katze ist die Flohallergie. Unabhängig von Rasse, Geschlecht und Alter sind alle Tiere gleichermaßen betroffen. Beim Flohbiß gelangt Speichel des Parasiten in die Haut des Vierbeiners und löst heftigen Juckreiz aus. Flöhe sind zwar das ganze Jahr über aktiv, die erste Flohallergie tritt aber meist im Sommer auf. Sind Hund oder Katze einmal flohempfindlich, genügt ein einziger Biß in der Woche, und die Allergie bricht wieder aus.

Beim HUND finden Sie die ersten Hautveränderungen an der Hinterseite der Oberschenkel, in der Kreuzbeingegend und um den Nabel. Der Juckreiz ist so heftig, daß das geplagte Tier ständig kratzt. Die Haut entzündet sich, Haare fallen aus.

Bei der KATZE treten die Hauterscheinungen zuerst am Rücken auf. Durch den Juckreiz beleckt sie die betroffenen Stellen ständig, dadurch brechen die Haare ab.

Das beste Mittel, Flohbefall und damit allergischen Reaktionen vorzubeugen, ist nach wie vor das Flohhalsband!

Futtermittelallergie

Manchmal reagieren Vierbeiner plötzlich überempfindlich auf bestimmte Futterbestandteile. Das kann sich auf drei verschiedene Arten äußern: Als akute oder chronische Magen-Darm-Entzündung mit Erbrechen und/oder Durchfall, als juckende Hautentzündung oder als Kombination von Magen-Darm-Beschwerden und Hautveränderungen.

Die dritte Form, also Magen-Darmentzündung und Hautentzündung, ist ein sicherer Hinweis auf eine Futtermittelallergie. Um ganz sicher zu gehen, eignet sich die sogenannte «Eliminationsdiät» am besten: Der vierbeinige Patient erhält eine selbst hergestellte Diät aus jenen Eiweißstoffen und Kohlenhydraten, die er bisher nur selten oder nie bekommen hat. (Besonders gut eignet sich Lamm mit Reis.) 60 Tage lang muß die Diät durchgehalten werden, dann bekommt der vierbeinige Gefährte wieder das ursprüngliche Futter. Treten die Allergiesymptome nun wieder auf, ist die Futtermittelallergie bestätigt. In diesem Fall sollten Sie

nach Beratung mit dem Tierarzt Ihrem Liebling täglich allergiefreies Futter selbst zubereiten (Soja empfiehlt sich als nicht allergieauslösende Eiweißquelle) oder allergenfreie Fertigdiäten verabreichen.
Abschließend sei noch erwähnt: Futtermittelallergie ist nicht vererbbar und tritt unabhängig von Geschlecht und Rasse auf. Allerdings sind Hunde anfälliger als Katzen.

Kontaktallergie

Eher selten bei Hund und Katze ist die Kontaktallergie, weil das Fell doch ziemlich guten Schutz bietet. Sie tritt eher an den unbehaarten oder schwach behaarten Körperstellen auf.
Reinigungsmittel, Polituren, Farbstoffe und Lacke können ebenso Auslöser sein wie zum Beispiel Gräser. Auch die Kontaktallergie äußert sich in juckenden Hautentzündungen. Da die Hauterscheinungen immer an jenen Stellen auftreten, die mit dem Allergen in Berührung kommen, kann man daraus Rückschlüsse auf die Allergieauslöser ziehen. Zeigt sich der Hautausschlag zum Beispiel am wenig behaarten Bauch, verträgt das Tier vielleicht den Spannteppich nicht, auf dem es häufig ruht. Sind Lefzen und Schnauze betroffen, liegt's möglicherweise am neuen Plastiknapf usw.

15

Infektionskrankheiten

Beim Hund

1. Virusinfektionen

Viren sind winzigste Krankheitserreger, die man nicht einmal mit dem Lichtmikroskop, sondern nur mit dem Elektronenmikroskop erkennen kann. Das Heimtückische an Viren: Sie sind gegenüber sehr vielen Medikamenten, einschließlich Antibiotika, unempfindlich. Daher ist die vorbeugende Impfung die wichtigste Maßnahme im Kampf gegen Viruserkrankungen.

Tollwut

Das Tollwutvirus kommt fast auf der ganzen Welt vor und tritt seit einigen Jahren verstärkt in unseren Breiten auf. Die Tollwut – auch Rabies oder Wutkrankheit genannt – ist dem Gesetz nach anzeigepflichtig. Das heißt, erkrankte Tiere muß man sofort melden. Sie dürfen auch nicht behandelt werden, weil die Ansteckungsgefahr für den Menschen und für andere Tiere sehr groß ist.

Durch regelmäßige Impfungen konnte die Wutkrankheit bei unseren Haustieren zurückgedrängt werden. Dafür bekommt man Tollwut bei Wildtieren, vor allem bei Fuchs, Dachs, Marder und Kaninchen, kaum noch in den Griff.

Der virushaltige Speichel des erkrankten Tieres gelangt über Bißwunden und Hautabschürfungen in den Körper. Über Muskel und Nervenfasern wandern die Viren zum Rückenmark und ins Gehirn. Dort vermehren sie sich sehr rasch und gelangen über die Nervenbahnen in die einzelnen Organe – besonders in die Speicheldrüsen. Die Inkubationszeit, also die Zeit von der Ansteckung bis zum Ausbruch der Krankheit, dauert zwei Wochen bis sechs Monate. In seltenen Fällen bricht die Tollwut erst nach einem Jahr aus! Die lange Inkubationszeit ist der Grund dafür, warum beispielsweise Großbritannien eine Quarantäne von sechs Monaten vorschreibt, bevor Sie mit Ihrem Hund einreisen dürfen.

Hat sich der Vierbeiner angesteckt, kann man den Ausbruch der Krankheit oft an folgenden Symptomen bemerken: Das Wesen des Hundes verändert sich radikal. Er kann unmotiviert in die Luft beißen und im darauffolgenden Stadium – auch «rasende Wut» genannt – rasend aggressiv werden und sich auch in Gegenstände verbeißen, wobei Speichel aus den Lefzen fließen kann. Dann folgen Erschöpfungszustände und Lähmungen von Kehlkopf und Unterkiefer. Kurz vor dem Tod taumelt er, kann kaum noch stehen und bricht schließlich zusammen. Vom Beginn der Krankheit bis zum Tod dauert es etwa sieben bis zehn Tage.

Heutzutage tritt aber eher die «stille Wut» auf. Dabei entfällt das aggressive Stadium. Die Tiere sterben an der fortschreitenden Lähmung. Die «stille» Form der Tollwut kann mit unklaren allgemeinen Störungen wie Appetitlosigkeit, Würgen, Erbrechen, Blähungen und Verstopfung beginnen. In 99 Prozent der Fälle handelt es sich zum Glück jedoch bei den Beschwerden nicht um Tollwut. Denn diese Symptome treten auch bei vielen anderen, oft harmlosen Erkrankungen auf. Daher ist es ratsam, beim geringsten Verdacht einen Tierarzt zu befragen, der Klarheit schafft, unter anderem mit dem Pupillentest. Bei Tollwut wird die Pupille starr und kann sich bei plötzlichen Lichteinfall nicht mehr verengen.

Da Tollwut auch für Menschen lebensbedrohlich ist, herrscht natürlich große Aufregung, wenn der sonst so friedliche Gefährte doch einmal zuschnappt. Sei es, weil ein Fremder zu stürmisch auf ihn zugeht, oder weil der vermeintliche «Feind» Briefträger einmal zu forsch das Grundstück betreten hat. Streitereien, wer daran schuld ist, sind in diesem Moment nicht sinnvoll. Vielmehr muß man sich überlegen, was für Mensch und Hund zu tun ist. Auf keinen Fall sollten Sie, falls das Unglück unterwegs passiert, als Tierbesitzer den Schock des Gebissenen ausnützen und mit dem Hund das Weite suchen, um Schwierigkeiten aus dem Weg zu gehen.

Wichtig ist, daß der Gebissene die Wunde gleich mit Seife auswäscht. Die meisten Hunde sind heute schon gegen Tollwut geimpft. Da nur erkrankte Tiere die Viren mit ihrem Speichel übertragen können, ist die Gefahr der Ansteckung also gering. Trotzdem empfehlen Humanmediziner, daß der Hund aus Sicherheitsgründen vom Tierarzt auf Tollwut untersucht wird. Ist der Hund wirklich gesund, kann man dem gebissenen Menschen die Tollwutbehandlung ersparen. Besteht jedoch der Verdacht, daß der Vierbeiner erkrankt sein könnte, muß sich der Gebissene der Impfung unterziehen. Wenn Sie als Tierbesitzer also die Flucht ergreifen und das Opfer nicht weiß, ob Ihr Hund tollwütig war oder nicht, muß sich der Gebissene sicherheitshalber impfen lassen. Angst vor der Impfung ist aber unbegründet, weil die Impfung heute beinahe schmerzfrei (nicht mehr in den Bauch) verabreicht werden kann. Auch Nebenwirkungen sind nicht zu befürchten. Aber für das Opfer ist es natürlich trotzdem unangenehm, wenn es im unklaren zurückgelassen wird.

Außer den gesundheitlichen Aspekten müssen Sie auch die rechtlichen Erfordernisse beachten. Das Gesetz schreibt vor, daß der Arzt, der den Gebissenen behandelt, bei der Polizei Anzeige gegen den Hundebesitzer erstattet. Dieser wird vorgeladen und bekommt entsprechende Formulare mit, die er für die Besuche beim Tierarzt braucht. Die erste Untersuchung sollte möglichst noch am selben Tag durchgeführt werden. Die zweite zehn Tage nach dem Biß. Der Tierarzt stellt dann über die beiden Untersuchungen ein Attest aus, das Sie der Polizei vorlegen müssen. Während dieser zehn Tage Wartefrist steht der Hund sozusagen unter Beobachtung und muß gut «verwahrt» werden. Das heißt, Maulkorb und Leine sind beim Spazierengehen Pflicht. Wenn Sie während dieser zehn Tage irgendwelche Veränderungen im Wesen Ihres Hundes merken, daß er zum Beispiel scheu wird, keine Nahrung mehr zu sich nehmen möchte, starr blickt, in Gegenstände beißt oder Holz, Stroh und ähnliches fressen möchte, Lähmungen im Unterkiefer und an den Beinen auftreten, müssen Sie das unbedingt dem Tierarzt melden.

Während dieser Beobachtungszeit dürfen Sie den Aufenthaltsort nur mit Genehmigung des Tierarztes ändern (z. B. Urlaub). Und natürlich müssen Sie auch gut auf den Gefährten aufpassen (Leine und Maulkorb).

Wenn Ihr Hund zubeißt, ergibt sich natürlich auch die Frage: Wer kommt für die Kosten auf? Wenn Ihr Tier haftpflichtversichert ist, zahlt die Versicherung. Sonst müssen leider Sie in den sauren Apfel beißen. Die jährliche Tollwutimpfung für Ihren Vierbeiner sollte selbstverständlich sein. Neueste Untersuchungen an der Veterinärmedizinischen Universität Wien haben ergeben, daß nur eine zweifache Grundimmunisierung wirklich vor der lebensgefährlichen Infektionskrankheit schützt. Später genügt eine Injektion im Jahr.

Hundestaupe oder Carrésche Krankheit

Bereits 1905 entdeckte der Wissenschafter Carrée ein Virus als Verursacher der Hundestaupe. Es ist nahe verwandt mit dem menschlichen Masernvirus. Daher kann der Hund mit Masernimpfstoff immunisiert werden. Daß Staupeviren den Masernerregern so ähnlich sind, braucht Sie nicht zu beunruhigen. Staupe kann nicht auf den Menschen übertragen werden!
Der Vierbeiner kann sich direkt an Speichel, Urin oder Kot erkrankter Tiere anstecken. Die Übertragung ist aber auch über Kleider und Gegenstände möglich. Nach etwa vier bis sechs Tagen bricht die Krankheit aus. In der ersten Phase vermehren sich die Viren im Körper. Das äußert sich in Fieber und leicht gestörtem Wohlbefinden des Hundes. In der zweiten Phase befallen die inzwischen zu großen Mengen angewachsenen Erreger einzelne Organe. Die vorgeschädigten Organe erleiden nun Infektionen mit Bakterien. Die Symptome der Staupe können sehr unterschiedlich sein, je nachdem, welche Organe besonders betroffen sind: Mattigkeit, Appetitlosigkeit, Bindehautentzündung, eitrige Augen und Nasenausfluß, Kehlkopf- und Mandelentzündung.
Bei der *Magen-Darmform* der Staupe leiden die Tiere an starkem Erbrechen und Durchfall, sie trocknen aus und magern ab. Ist der *Atmungstrakt* stärker angegriffen, husten die Hunde, Bronchitis und Lungenentzündung verursachen Atemnot. Gelbe Pusteln am Bauch und an den Innenschenkeln bilden sich bei der *Hautform* von Staupe. Bei der *nervösen* Form bekommen die Tiere manchmal einen sogenannten Staupetick. Das sind rhythmische Zuckungen am Kopf und an den Extremitäten. Selten äußert sich Staupe in der sogenannten Hartballenkrankheit. Dabei verhornen der Ballen und die Nasenspitze.

Staupe endet auch heute noch meist tödlich. Sicheren Schutz vor der heimtückischen Viruserkrankung bietet nur die Impfung.

Die Parvovirose («Katzenseuche» der Hunde)

Vor ungefähr zehn Jahren entwickelte sich ein neues Virus zur tödlichen Gefahr für unsere Hunde. Es handelt sich um ein Parvovirus, das dem Katzenseuchevirus der Katzen so ähnlich ist, daß man annimmt, es hat sich durch genetische Veränderungen daraus entwickelt. Daher nennt man die Parvovirose bei Hunden im Volksmund auch «Katzenseuche der Hunde».

Besonders gefährlich ist die Krankheit für Jungtiere, weil die Viren schnellwachsende Gewebe besonders lieben. Befallen die Viren vor allem das Herz (Herzform der Parvovirose), können Welpen im Alter von vier bis zehn Wochen innerhalb weniger Minuten sterben. Bei älteren Tieren bevorzugen die Viren den Darmbereich. Blutiger Durchfall, Erbrechen, Fieber oder Untertemperatur sind alarmierende Zeichen! Wenn Sie nicht raschest mit ihrem Vierbeiner den Tierarzt aufsuchen, stirbt er innerhalb weniger Tage, manchmal sogar schon nach Stunden. Schutz vor der Parvovirose bietet nur die Impfung, die absolut gefahrlos und ohne Nebenwirkungen ist.

Abschließend noch eine wichtige Bemerkung: Das Parvovirus des Hundes ist nicht auf Katzen übertragbar! Das Parvovirus der Katzen ist keine Gefahr für Hunde. Hunde und Katzen können sich also NICHT gegenseitig mit der Katzenseuche anstecken. Leider ist das Parvovirus gegen Umwelteinflüsse und die meisten Desinfektionsmittel sehr widerstandsfähig. Bei Zimmertemperatur kann es ein Jahr und länger infektiös bleiben. Dies begünstigt die indirekte Ansteckung durch Kleider und Gegenstände.

Ansteckende Leberentzündung (Virushepatitis)

Die ansteckende Leberentzündung beim Hund kann entweder rasant, akut oder langsam verlaufen. Die Tiere stecken sich hauptsächlich über den Harn, aber auch Kot oder Speichel anderer Hunde an. Das Virus dringt über die Maulhöhle in den Körper ein. Bei der rasanten Form wird praktisch über Nacht aus einem gesunden, lebenslustigen ein schwerkrankes Tier. Es bekommt hohes Fieber, Durchfall, erbricht blutig, frißt nicht mehr und verfällt in Apathie. Schleimhäute bluten, und das Abtasten des Bauches bereitet dem Hund große Schmerzen. Der Tod tritt innerhalb weniger Stunden ein, wenn nicht rasch geholfen wird. Die Symptome werden häufig mit einer Vergiftung verwechselt.

Verläuft die Virushepatitis langsam, treten auch die oben angeführten Beschwerden nicht so ausgeprägt auf. Nach ein bis drei Wochen tritt meist auf einem Auge eine milchige Hornhauttrübung auf. Sie verschwindet aber meist nach etwa zwei Wochen. Die langsame Form zieht sich meist über Wochen hin, die Tiere werden aber oft wieder ganz gesund.

Die akute Leberentzündung beginnt mit den gleichen Anzeichen wie die langsame. Zusätzlich schwellen auch noch die Mandeln stark an. Dieser jämmerliche Zustand kann bis zu einer Woche andauern, dann macht sich schwere Gelbsucht bemerkbar. Eine Laboruntersuchung kann Leberschäden nachweisen. Obwohl das Virus hauptsächlich über den Harn ausgeschieden wird, sind Nierenschäden selten. Auch diese Erkrankung endet meist tödlich.

Es gibt aber auch Hunde, bei denen sich das Virus nur latent auswirkt. Das heißt, sie selber zeigen nur schwache oder gar keine Krankheitssymptome, stecken aber andere Hunde an, die wiederum schwer erkranken können. Einzige Vorbeugung für alle Formen ist wieder nur die Schutzimpfung.

Der Zwingerhustenkomplex

Davon sind hauptsächlich Hunde betroffen, die mit vielen anderen Tieren in Heimen, Tierpensionen, Tierhandlungen, großen Zwingern oder Ausstellungen zusammen sein müssen. Der Zwingerhustenkomplex wird durch eine Ansammlung von Viren verursacht, an denen auch menschliche Grippeviren beteiligt sind. Befallen werden Luftröhre und Bronchien, die Ansteckung erfolgt durch Tröpfcheninfektion und kann schlagartig alle Tiere erfassen. Die Hunde leiden unter trockenem Husten, Nasenausfluß und Mandelentzündung. Die Virusinfektion heilt nach sieben bis 14 Tagen spontan ab. Schleichen sich jedoch auch noch Bakterien ein, bekommen die Hunde hohes Fieber und Lungenentzündung. Dabei bleiben oft Schäden im Atmungstrakt zurück. In schweren Fällen kann Zwingerhustenkomplex sogar tödlich enden. Wenn Sie wissen, daß Ihr Hund in Kürze an einer Ausstellung teilnehmen oder in einer Tierpension wohnen wird, sollten Sie ihn mindestens vier Wochen vorher impfen lassen.

Mumps

Mumps ist die ansteckende Entzündung der Ohrspeicheldrüse. Sicher werden Sie jetzt denken, daß Mumps doch eine typische Kinderkrankheit ist. Doch auch Hundekinder sind nicht davor gefeit. Sie können sich durch Tröpfchen- oder Kontaktinfektion bei erkrankten Kindern anstecken. Und wie die Menschenkinder leiden auch die jungen Hunde an schmerzhafter, entzündlicher Schwellung der Ohrspeicheldrüse. Sie lehnen das Futter ab, das Allgemeinbefinden ist beeinträchtigt. Im Extremfall treten Komplikationen auf, die tödlich verlaufen können. Die einzige Vorbeugung: Halten Sie junge Hunde von mumpskranken Kindern in der Familie fern!

Herpes-Virus-Infektion

Das Herpes-Virus befällt Welpen im Alter von zwei bis drei Wochen und ist daher bei Züchtern besonders gefürchtet. Die Jungen hören auf zu saugen, erbrechen, haben blutigen Durchfall und sterben innerhalb von ein bis zwei Tagen. Diesem Welpensterben ist man hilflos ausgeliefert, weil es noch keine wirksame Therapie dagegen gibt. Bei erwachsenen Hunden löst das Herpes-Virus Entzündungen an Scheide oder Penis und Vorhaut aus.

2. Bakterielle Infektionen

Bakterien sind einzellige Kleinlebewesen, die zum Beispiel in Kugel-, Stäbchen- oder Schraubenform vorkommen. Da sie größer als Viren sind, kann man sie bereits im Lichtmikroskop erkennen. Und sie sind im Gegensatz zu Viren gegen Antibiotika empfindlich.

Leptospirose, auch Stuttgarter Hundeseuche oder Weische Krankheit

Schraubenförmige Bakterien, die sogenannten Leptospiren, verursachen die sogenannten Stuttgarter Hundeseuche. Die Hunde stecken sich bei anderen Artgenossen an, oft sind aber auch Ratten und Mäuse Infektionsquellen. Wird der Hund von diesen Nagern gebissen oder ist sein Futter durch Ausscheidung von Ratten und Mäusen verunreinigt, kann er sich anstecken. Meist stecken sich Hunde aber durch den Kontakt mit dem Harn kranker Artgenossen an, manchmal aber auch beim Baden in stehenden Gewässern oder Tümpeln. Die Leptospirose ist auf den Menschen übertragbar!
Die Leptospiren dringen durch die Schleimhäute des Verdauungs- und Geschlechtsapparates, durch Hautverletzungen, aber auch die Lidbindehäute ein. Nach vier bis zwölf Tagen bricht die Krankheit aus. Ausgeschieden werden die Bakterien allerdings schon nach wenigen Stunden, das heißt, der Hund muß noch keine Krankheitszeichen zeigen, kann aber schon andere Hunde anstecken. Manchmal kommt es vor, daß infizierte Tiere jahrelang Leptospiren ausscheiden, ohne selbst zu erkranken.
Symptome der Leptospirose: Der Hund wird apathisch, fiebert, verweigert die Nahrung und leidet an Erbrechen und Durchfall. Bei einigen Tieren werden die Hinterbeine so schwach, daß sie nicht mehr springen und Stiegen steigen können. Fast immer kommt es zur Entzündung der Niere. Dies bewirkt einen Anstieg des Blutharnstoffwechsels. Eiweiß, rote Blutkörperchen und Nierenzellen werden über den Harn ausgeschieden, was man mit einem Harntest nachweisen kann. Auch die Leberzellen bleiben von den Bakterien nicht verschont – Gelbsucht ist die Folge. Wird der vierbeinige Patient nicht sofort behandelt, nehmen schließlich auch Herzmuskel und Lunge Schaden. Ob die Therapie erfolgreich ist, kann nicht mit Sicherheit vorhergesagt werden. Etwa ein Drittel der erkrankten Tiere ist nicht zu retten. Sie können Ihren Liebling aber vorbeugend gegen Leptospirose impfen lassen.

Die Toxoplasmose

Ein tierischer Einzeller ist der Erreger der Toxoplasmose. Immer wieder stellen Tierbesitzer die Frage an den Arzt: «Kann ich mich bei meinem

Haustier anstecken?» Es können zwar alle Tiere an Toxoplasmose erkranken, aber nicht alle geben die Erreger weiter. Grundsätzlich ist Toxoplasmose zwischen Wirbeltieren und dem Menschen übertragbar. Aber Hundebesitzer können beruhigt sein: Hunde kommen als Überträger nicht in Frage, weil sie die ansteckungsfähigen Erreger nicht ausscheiden. Die Einzeller kapseln sich in den Muskel der Hunde ab. Der Mensch müßte also einen Hund roh aufessen, um sich anzustecken.
Die Toxoplasmose verläuft beim Hund sehr schwach. Die Krankheit macht sich nur dann stärker bemerkbar, wenn sie als Begleitinfektion der Staupe auftritt. Dann kommt es zu entzündlichen Veränderungen im Gehirn, die Verhaltensstörungen, Zuckungen, Lähmungen und epileptische Anfälle auslösen können. Manchmal zeigen sich auch Entzündungen an Netzhaut und Regenbogenhaut des Auges.
Ansteckungsquellen sind rohes oder ungenügend erhitztes Fleisch (vor allem Schweinefleisch) und Katzenkot. Denn die Katze ist das einzige Tier, das ansteckungsfähige Toxoplasmen-Erreger mit dem Kot ausscheidet. Vorbeugung: Nur gut gekochtes Fleisch oder Fertigfutter geben, Kontakt des Hundes mit Katzenkot verhindern.

Bei der Katze

Der Einfachheit halber fahren wir gleich mit der für den Hund beschriebenen Toxoplasmose fort. Der Erreger ist der gleiche wie beim Hund. Und auch die Ansteckung erfolgt meist über rohes Fleisch (auch von Beutetieren!) oder durch den Kot streunender Katzen. Die Krankheitserscheinungen sind ähnlich denen beim Hund – also gleichen einem grippalen Infekt.
Obwohl, wie oben beschrieben, alle Tiere an Toxoplasmose erkranken können, sind Katzen die einzigen Vierbeiner, die ansteckungsfähige Toxoplasmose-Erreger mit dem Kot ausscheiden – und daher auch den Menschen anstecken können. Die häufigste Ansteckungsquelle für den Menschen ist jedoch die Nahrung! Die Krankheit wird bei uns Zweibeinern fast immer durch den Genuß von rohem oder ungenügend erhitztem Fleisch verursacht. Für den Menschen muß Toxoplasmose jedoch nicht gefährlich sein. 70 Prozent aller Menschen haben bereits eine Infektion durchgemacht, ohne es zu bemerken.

Gefährlich ist die Krankheit aber für Schwangere! Deshalb werden in den ersten drei Schwangerschaftsmonaten routinemäßige Blutuntersuchungen auf diese Keime durchgeführt. Ergibt die Probe einen sehr hohen Wert, wird nach 14 Tagen noch einmal kontrolliert. Ist der Wert weiter angestiegen, muß mit Antibiotika behandelt werden, um das ungeborene Kind vor Schäden zu schützen.
Als Vorbeugung gegen Toxoplasmose sollten vor allem Frauen folgende Maßnahmen beachten: Kein rohes Fleisch (beef tartare) essen. Kein rohes Fleisch an im Haushalt lebende Katzen verfüttern! Peinliche Hygiene beim Reinigen der Katzentoilette. Das Kisterl am besten täglich mit kochendem Wasser auswaschen. Das tägliche Erneuern der Katzenstreu ist schon deshalb sehr wichtig, weil die mit dem Kot ausgeschiedenen Toxoplasmose-Erreger erst nach drei bis vier Tagen infektiös werden.

Virusinfektionen bei der Katze

Tollwut

Die Tollwut verläuft im wesentlichen wie beim Hund. Nur neigen tollwütige Katzen dazu, in ihrer Aggressivität Menschen ins Gesicht zu springen wobei man aber beachten muß, daß nicht jede aggressive Katze, die verwildert ist, Tollwut hat. Genauso reagieren zum Beispiel auch Katzen, die Junge führen und ihren Nachwuchs nur beschützen wollen. Je näher die Verletzung dem Gehirn ist, um so größer ist die Lebensgefahr. Außerdem sind Lähmungen des Unterkiefers wie beim Hund bei der Katze eher selten. Heiseres, zuletzt tonloses Schreien zeigt bei Katzen die Lähmung des Kehlkopfes und den nahen Tod an.

Katzenseuche, auch Katzenstaupe oder Panleukopenie

Ein sehr kleines Virus, das sogenannte Parvovirus ruft die Katzenseuche hervor. Das Virus ist auf der ganzen Welt verbreitet und sehr ansteckend. Alle Sekrete und Ausscheidungen (Harn, Kot, Nasenfluß, Speichel) erkrankter Katzen enthalten das gefährliche Virus. Die Ansteckung erfolgt von Tier zu Tier oder indirekt über Gegenstände wie Futternäpfe,

Käfige, Schuhe und Kleider. Deshalb ist es nicht verwunderlich, wenn auch Wohnungskatzen an der Seuche erkranken. Denn dann haben ihre Besitzer das Virus an Schuhen und Kleidern «eingeschleppt». Das Virus stürzt sich mit Vorliebe auf Zellen, die sich besonders schnell teilen. Das sind zum Beispiel Zellen der Darmschleimhaut und des Knochenmarks.

Nach der Ansteckung vergehen etwa drei bis neun Tage, bis die ersten Anzeichen auftreten: Die Katze wird ganz plötzlich matt, fiebert auf 41 Grad und mehr, erbricht und hat Durchfall. Das Abtasten des Bauches bereitet ihr arge Schmerzen. Sie verkriecht sich an kühlen Orten. Da die Viren die Zellen des Knochenmarks, die Produktionsstätte der weißen Blutkörperchen befallen, verändert sich das weiße Blutbild. (Die Blutzellen heißen Leukozyten, deshalb nennt man die Katzenseuche auch noch Panleukopenie). Es kommt zur Blutarmut, vor allem aber wird das Immunsystem des Tieres stark geschwächt.

Die Krankheit kann rasant verlaufen. Dann tritt der Tod meist ein, bevor der Besitzer überhaupt Symptome bemerkt hat. (Die rasante Form wird daher oft mit einer Vergiftung verwechselt.)

Beim akuten Verlauf magern die Tiere rasch ab und sind sehr geschwächt. Erbrechen und Durchfall trocknen sie regelrecht aus. Dadurch läßt die Elastizität der Haut nach, das Fell wird struppig. Das anfangs hohe Fieber sinkt auf Untertemperatur ab.

Der Tierarzt behandelt mit Antiserum, verabreicht dem Vierbeiner Flüssigkeitsersatz, Vitamine und Antibiotika, um eventuelle zusätzliche Infektionen mit Bakterien zu verhindern.

Überleben die Katzen die ersten drei bis vier Tage, besteht berechtigte Hoffnung, daß sie wieder gesund werden. Aber grundsätzlich muß man sagen, daß der Ausgang der Katzenseuche stets fraglich ist. Unbehandelt sterben fast alle vierbeinigen Patienten.

Das Katzenseuchevirus ist äußerst widerstandsfähig gegen Umwelteinflüsse. Deshalb bleiben Wohnungen und Zwinger oft monatelang verseucht. Wer seinen geliebten Vierbeiner durch Katzenseuche verloren hat und wieder eine Samtpfote aufnehmen möchte, sollte unbedingt darauf achten, daß sie schon gegen Katzenseuche geimpft ist, sonst erleidet das neue Tier womöglich das gleiche Schicksal. Der einzig sichere Schutz ist die Impfung. Auch ältere Tiere müssen noch regelmäßig nachgeimpft werden, da Katzen jeden Alters erkranken können.

Katzenschnupfen

Katzenschnupfen klingt zwar harmlos, muß aber sehr ernst genommen werden. Es sind verschiedene Viren daran beteiligt, die die Luftwege befallen. Die Viren sind weit verbreitet und vor allem dort anzutreffen, wo viele Tiere (Ausstellung, Heim, Tierpension) auf engem Raum beisammen sind. Außerdem können manche Katzen klinisch gesund sein, aber trotzdem die Viren ausscheiden und andere Samtpfoten anstecken. Ist die Körperabwehr zum Beispiel durch Streß geschwächt, kann die Krankheit plötzlich auch bei den Dauer-Virusträgern ausbrechen. Zum Beispiel, wenn die Katze von Heimweh geplagt in der Tierpension sitzt. Oder eine streunende Katze landet im Käfig eines Tierheimes.
Das Virus wird über Speichel, Nasen- und Augenausfluß ausgeschieden. Die Katzen stecken sich durch Tröpfcheninfektion an, durch direkten Kontakt mit ihren Artgenossen oder an verseuchten Gegenständen. Sogar Wohnungskatzen können erkranken, wenn das Herrl oder Frauerl die Viren mit Schuhen oder Kleidung nach Hause einschleppt.
Von der Ansteckung bis zum Ausbruch der Krankheit vergehen ein bis vier Tage. Die Samtpfoten bekommen Fieber, niesen häufig, die Augen tränen, die Nase rinnt. Augen und Nasenlöcher sind verklebt. Die Tiere sitzen meist apathisch auf ihrem Platz und ringen mit geöffnetem Maul nach Luft. Schleichen sich nun auch noch Bakterien in den geschwächten Körper ein, verschlechtert sich der Zustand rapid. Augen- und Nasenausfluß werden eitrig, an Zunge und Mundschleimhaut bilden sich schmerzhafte Geschwüre. Manchmal entzünden sich auch Lunge und Luftröhre. Die Tiere wollen dann nicht mehr fressen und trinken und putzen sich nicht mehr. Mit von Sekreten und Exkreten verklebtem Fell sind sie ein jämmerlicher Anblick.
Der Katzenschnupfen kann Wochen dauern und führt nicht selten zum Tod. Die Behandlung ist langwierig und schwierig, der Ausgang ungewiß. Sie sollten Ihren Liebling daher vorbeugend impfen lassen. Zwei Grundimpfungen im Abstand von drei Wochen und dann jährlich eine Nachimpfung bieten guten Schutz.
Wenn Sie die Absicht haben, Ihre Katze während Ihres Urlaubs in einer

Katzenpension unterzubringen oder mit ihr auf eine Ausstellung zu gehen, sollten Sie die Abwehrkraft des Tieres durch eine zusätzliche Impfung vier Wochen vorher stärken.

Die Katzenleukose

Der Erreger dieser gefürchteten und auf der ganzen Welt verbreiteten Erkrankung ist das sogenannte Katzenleukämievirus (Feline Leukose Virus = FeLV), von dem alle katzenartigen Tiere befallen werden können. FeLV ist äußerst ansteckend. Katzen übertragen es mit ihrem Speichel. In einem Milliliter Speichel sind mehr als eine Million Leukoseviren enthalten. In geringeren Mengen wird das Virus auch über Nasensekret, Tränenflüssigkeit und Harn ausgeschieden. Die Katzen stecken sich entweder in direktem Kontakt von Tier zu Tier an oder über verseuchte Gegenstände.

Jetzt gibt es drei Möglichkeiten: Entweder die Leukose bricht sehr rasch aus, oder die Katze erkrankt latent. Dabei ziehen sich die Viren ins Knochenmark zurück und verbleiben dort inaktiv (keine Ansteckungsgefahr für andere Tiere). Sie können jedoch jederzeit durch eine andere Erkrankung oder körperliche Schwäche wieder aktiviert werden, lösen die unten angeführten Symptome aus und sind wieder für andere Katzen gefährlich. Bei der sogenannten persistierenden Form der Leukose bricht die Krankheit bis zu drei Jahren später aus. Die Katze streut jedoch auch die ganze Zeit vorher Viren und kann somit andere Samtpfoten anstecken.

Im Körper vermehren sich die Viren zum ersten Mal in den Mandeln und den zugehörigen Lymphknoten. Über den Blut- und Lymphweg gelangen die Viren schließlich ins Knochenmark. Hier vermehren sie sich besonders stark und werden über die Blutbahn in den gesamten Organismus geschwemmt.

Das Virus schädigt den Körper sozusagen mit doppelter Wirkung. Zum einen greift es das Immunsystem, also die Abwehrkraft des Tieres an. Durch die Immunschwäche ist das Tier hilflos anderen viralen und bakteriellen Infekten ausgesetzt. Andererseits verursacht das Leukosevirus wuchernde Erkrankungsformen wie Leukämie oder bösartige Tumoren der Lymphknoten, sogenannte Lymphsarkome, die sehr leicht Tochtergeschwülste (Metastasen) in den ganzen Organismus streuen.

Übersteigertes Schlafbedürfnis, Bewegungsunlust, Appetitlosigkeit und Fieber sind erste Anzeichen der Leukose. Schließlich verliert die Katze an Gewicht, die Lymphknoten schwellen an, und sie bekommt Gelbsucht. Durch den Zusammenbruch der Abwehrkraft leiden Katzen selbst durch harmlose Keime an schwersten Krankheitserscheinungen. In fortgeschrittenen Fällen kommt es durch das geschädigte Knochenmark zur sogenannten aplastischen Anämie (Blutarmut). Das ist eine Anämieform, die nicht mehr geheilt werden kann. Die Katzen bekommen papierweiße Lidbindehäute und Mundschleimhaut. Die Tiere sterben nach kurzer Zeit.
Bei der Tumorform der Leukose sind die Symptome vom jeweiligen Tumorbefall der Organe abhängig. Liegen die Tumoren im Atmungstrakt und im Brustkorb überhaupt, leiden die Tiere unter hochgradiger Atemnot und atmen keuchend durch das geöffnete Maul. Begleitinfektionen sind oft Katzenschnupfen und infektiöse Bauchfellentzündung.
Leider kommen manche Katzenbabys schon mit dem Leukosevirus auf die Welt, weil sie im Mutterleib oder bei der Geburt infiziert werden. Sie erkranken dann entweder bald oder scheiden das Virus oft jahrelang aus und stecken andere Katzen an.
Ob eine Katze mit dem Leukosevirus infiziert (leukosepositiv) ist, kann man in jeder Tierarztpraxis durch einen Leukosetest mit Blut, Speichel oder Tränenflüssigkeit feststellen. Ist das Testergebnis positiv und die Katze bereits schwer krank, sollte man sich dazu durchringen, das Tier von seinem Leid zu befreien und einschläfern zu lassen. Denn Leukose ist absolut unheilbar.
Wenn der Vierbeiner zwar positiv ist, aber noch keine Krankheitssymptome zeigt, sollte man als verantwortungsvoller Tierbesitzer verhindern, daß er mit anderen Katzen in Kontakt kommt. Leider bricht auch bei den vorerst nur Virusträgern die Krankheit dann nach einigen Jahren aus. Trotzdem ist es ratsam, bei positivem Ergebnis ohne Krankheitszeichen nach etwa acht bis zwölf Wochen den Test zu wiederholen. Manche Tiere haben so gute Abwehrkräfte, daß sie die Viren zerstören und wieder negativ sind.
Da die Leukose-Erkrankung in jedem Fall tödlich endet, ist es um so wichtiger, die Katzen rechtzeitig zu schützen. Die Samtpfoten können ab der neunten Lebenswoche geimpft werden. Für die Grundimmunisierung sind zwei Injektionen im Abstand von drei Wochen erforderlich.

Die Impfung muß jährlich einmal aufgefrischt werden.
Immer wieder stellen Tierbesitzer die Frage: «Ist Leukose auf Menschen übertragbar?» Die Sorge ist unbegründet. Menschen können sich mit der Katzenleukose nicht anstecken.

Feline Immundefizienz Virus (VIF)

Gemeinsam mit dem Leukosevirus wird oft das VIF-Virus beobachtet. Deshalb gibt es heute schon einen Kombinationstest, um beide Erreger gleichzeitig nachzuweisen. Das Feline Immundefizienz Virus schwächt die Abwehrkräfte des Körpers schwer und beschleunigt die verheerende Wirkung des Leukosevirus (FeLV). Das Immundefizienz Virus befällt häufig ältere Kater, die gerne raufen und dementsprechend viele Verletzungen haben. Denn das Virus ist im Speichel enthalten und dringt durch Wunden in den Körper ein.
Nach vier Wochen bekommen die Katzen Fieber, die Lymphknoten schwellen an, das weiße Blutbild verändert sich. Nach neun bis zwölf Wochen vermehrt sich das Virus. Bis die Krankheit ausbricht, können jedoch Jahre vergehen. Die Symptome sind denen der Leukose sehr ähnlich, aber VIF bildet keine Tumoren. Etwa acht bis zehn Wochen nach der Ansteckung kann man das Virus mit einem Test nachweisen.
VIF geht nicht auf den Menschen! Es ist nur in seinen Eigenschaften dem Aids-Virus (HIV) ähnlich, weil es auch die Immunabwehr auf das schwerste schädigt – aber, wie gesagt, nur bei Katzen.

Ansteckende Bauchfellentzündung der Katze (Feline infektiöse Peritonitis FIP)

Der Erreger dieser gefährlichen Katzenkrankheit hat sich in den vergangenen Jahren sehr verbreitet. Noch immer aber gibt das VIP-Virus den Wissenschaftern Rätsel auf. Katzen aller Altersgruppen können erkranken, besonders anfällig sind aber Jungtiere. Die Art der Ansteckung ist noch nicht mit Sicherheit geklärt. Vermutlich wird das Virus über Harn und Kot ausgeschieden.
Die Krankheit beginnt schleichend. Die Samtpfoten verlieren an Appetit

und magern ab. Sie werden schwach, apathisch und bekommen Fieber. Schließlich bläht sich der Bauch durch Wasseransammlung birnenförmig auf. Das ist die sogenannte *feuchte Form* der FIP. Typisches Kennzeichen: Das Abtasten des Bauches ist nicht schmerzhaft. Die Leber ist vergrößert, und auch die Nieren sind in Mitleidenschaft gezogen. Manchmal sammelt sich Wasser sogar in der Brusthöhle an. Sehr oft sind diese armen Tiere auch mit dem VIF-Virus und Katzenleukose infiziert.

Es gibt auch noch die *trockene Form* der FIP. Davon wird oft nur das Auge befallen. Dabei entzündet sich die Regenbogenhaut und erscheint aufgequollen. Dadurch reagiert die Pupille nicht mehr richtig auf Lichteinfall. Die Hornhaut sieht nebelig getrübt aus. Genau wie bei der Katzenleukose bricht die Bauchfellentzündung bei manchen Tieren nicht sofort nach der Ansteckung, sondern oft erst Jahre später aus. Sie können aber trotzdem andere Katzen anstecken.

Durch einen Bluttest kann der Tierarzt feststellen, ob das Tier FIP-positiv ist. Zeigen sich bei einer FIP-positiven Katze bereits schwere Krankheitssymptome, gibt es für die Katze leider keine Rettung mehr. Ist sie infiziert, aber noch ohne Krankheitsanzeichen, können Sie den Ausbruch der FIP möglicherweise hinauszögern, wenn Sie Ihren Liebling streßfrei halten, mit hochwertiger Nahrung füttern und zusätzlich Vitamine geben. Als verantwortungsbewußter Tierbesitzer sollten Sie Ihre infizierte Katze von anderen fernhalten, damit diese nicht ebenfalls angesteckt werden.

Leider gibt es für die ansteckende Bauchfellentzündung noch keine aussichtsreiche Therapiemöglichkeit und auch keine Schutzimpfung.

16

Parasitenbefall

Parasiten verleiden unseren vierbeinigen Hausgenossen das Leben. Aber sie sind nicht nur lästig, sondern manchmal auch gefährlich. Grundsätzlich unterscheidet man innere Parasiten (Endoparasiten) und äußere (Ektoparasiten).

Innere Parasiten

Bei den inneren Parasiten sind es vor allem Würmer, die unseren Lieblingen zu schaffen machen. Zu den häufigsten zählen bei Hund und Katze die Spulwürmer, wobei es Würmer gibt, die entweder nur Katze oder nur Hund als Wirt akzeptieren. Eine seltene Spulwurmart kann beide befallen und kann daher von Hund auf Katze und umgekehrt übertragen werden.

Die Spulwürmer beim Hund

Da Hunde häufig Würmer haben, ist die Angst vieler Menschen vor Ansteckungsgefahr weit verbreitet. Wenn Ihr vierbeiniger Freund befallen ist, merken Sie das an nudelartig länglichen, weißlichen Gebilden im Hundekot. Es sind die fertigen, geschlechtsreifen Spulwürmer. Bei starkem Spulwurmbefall von Junghunden kommt es sogar zu Entwicklungsstörungen, Blutarmut und Durchfall. Auch Schluckaufbeschwerden, Husten und Nasenausfluß können aufgrund der Körperwanderung der Wurmlarven auftreten. Die Entwicklungsstadien der Spulwürmer laufen nämlich so ab:

Die geschlechtsreifen Spulwürmer legen ihre Eier im Darm des Hundes ab. Mit dem Kot gelangen die Eier ins Freie und machen hier die Entwicklung zur Larve durch. Die Larven werden wiederum von einem Hund aufgenommen und wandern über Leber, Herz, Lunge und Luftröhre in den Schlund und gelangen von da über die Speiseröhre zurück in den Darm. Im Darm wachsen die Larven zu geschlechtsreifen Spulwürmern heran und legen Eier, die erneut mit dem Kot ins Freie gelangen. Werden Hunde befallen, die älter als zwei Jahre alt sind, ist zwar der Weg bis in die Lunge derselbe wie beim Junghund. Doch dann werden die Larven in der Muskulatur eingekapselt und gelangen nicht mehr zurück in den Darm. Ältere Tiere kommen also als Spulwurmüberträger kaum noch in Frage. Außer Sie haben eine Hündin, die trächtig ist. Denn durch die Hormonumstellung werden die eingekapselten Larven gegen Ende der Trächtigkeit wieder aktiv. Sie wandern in die Gebärmutter und befallen hier die ungeborenen Welpen. Außerdem können die Neugeborenen auch durch die Muttermilch mit Spulwurmlarven infiziert werden. Bei der Welpenpflege stecken sich die Hundemütter bei ihren eigenen Kindern erneut an, indem sie den spulwurmverseuchten Kot ihrer Jungen aufnehmen.

Wirklich massiver Wurmbefall tritt aber fast nur bei Welpen auf. Die Folgen können Wachstumsstörungen bis hin zu Wachstumsstillstand sein. Für Tierbesitzer auffallend ist die hochgradige Abmagerung und ein trommelförmig aufgetriebener, sehr druckempfindlicher Bauch. Die Jungtiere werden von schweren Durchfällen und Erbrechen geplagt. In Extremfällen können die Hundebabys an den Würmern sogar zugrunde gehen.

Spulwurminfektionen kann man nur dann wirksam bekämpfen, wenn sowohl das trächtige Muttertier als auch die Jungen wiederholt behandelt werden. Im Alter von 14 Tagen sollen die Hundebabys zum ersten Mal entwurmt werden. Da sich die Welpen beim Saugen durch die Muttermilch immer wieder mit Spulwurmlarven anstecken, sind weitere Wurmmittelgaben in wöchentlichen Abständen notwendig. Diese Behandlung darf frühestens drei Wochen nach Beendigung der Saugphase beendet werden.

Um die Übertragung auf den Menschen zu verhindern, ist es ratsam, die Jungtiere im Alter von drei bis vier Monaten weiteren Wurmkuren zu

unterziehen. Dabei dürfen Sie nicht auf die Muttertiere vergessen. Auch sie müssen von der dritten Woche der Geburt an in gleichen Abständen wie die Welpen entwurmt werden. Menschen können sich beim Spielen mit verwurmten Hunden anstecken. Zum Glück treten aber meist keine nennenswerten Krankheitszeichen auf, weil sich das menschliche Immunsystem erfolgreich gegen die Eindringlinge wehren kann. In Ausnahmefällen bekommt man leichtes Fieber wie bei einer Erkältung, selten auch Sehstörungen.
Kurz noch einmal zusammengefaßt, was man beachten muß, um die Gefährdung durch Spulwürmer für Mensch und Tier möglichst gering zu halten: Bringen Sie den Vierbeiner bei Verdacht auf Spulwürmer sofort zum Tierarzt. Achten Sie auf größtmögliche Hygiene. Halten Sie das Lager Ihres Lieblings sauber und baden Sie den Hund, damit eventuell im Haarkleid haftende Spulwurmeier entfernt werden.

Spulwürmer bei der Katze

Im wesentlichen verlaufen Spulwurminfektionen bei Hunden und Katzen gleich. Sie unterscheiden sich nur in einigen Punkten. Ungeborene Katzen können sich nicht, wie es bei ungeborenen Hundebabys der Fall ist, schon in der Gebärmutter anstecken, sehr wohl aber über die Muttermilch während der Säugeperiode. Dies ist bei Katzen sogar die häufigste Übertragungsform für Spulwürmer. Katzen können aber auch befallen werden, wenn sie infizierte Ratten oder Mäuse fressen. Durch Katzenkot ist die Ansteckung kaum möglich, weil die Samtpfoten ihren Kot verscharren. Aber in 90 Prozent aller wurmbefallenen Katzen haften Wurmeier auf dem Fell.
Spulwurmbefall tritt bei Katzen meist nicht so massiv auf wie beim Hund. Die Krankheitszeichen sind wesentlich schwächer, und auch Todesfälle kommen nicht vor. Für die Behandlung und Vorbeugung gilt dasselbe wie beim Hund.

Bandwürmer

Die meisten Bandwürmer, die sich im Dünndarm von Hund und Katze ansiedeln, akzeptieren beide Tierarten als Wirt. Zusätzlich gibt es noch artspezifische wie etwa den typischen Katzenbandwurm (Taenia taeniformis) und den gefährlichen fünfgliedrigen Fuchsbandwurm, der nur Katzen befällt. Der gefährliche dreigliedrige Bandwurm mag nur Hunde. Allen Bandwurmarten ist gemeinsam, daß sie einen Zwischenwirt brauchen, der dann vom Endwirt – also Hund oder Katze – aufgefressen wird. Von welcher Bandwurmart der Vierbeinier befallen wird, hängt deshalb auch davon ab, welcher Zwischenwirt für ihn zugänglich ist.

Der *kürbiskernartige Bandwurm* benützt Flöhe als Zwischenwirt und kommt deshalb bei Hund und Katze am häufigsten vor. Seinen Namen verdankt er den abgegangenen Bandwurmgliedern, die wie vertrocknete Kürbiskerne ausehen und meist auf dem Liegeplatz des Tieres, aber auch an anderen Stellen in der Wohnung verstreut zu sehen sind.

Die im Darm von Hund und Katze herangereiften Bandwurmglieder – sie enthalten die für die Verbreitung «zuständigen» Bandwurmeier – werden ausgeschieden, bzw. wandern auch aktiv aus dem Darm ins Freie. An der Luft platzen die Glieder, und die Eier verteilen sich auf dem Fell und in der Umgebung der Vierbeiner. Dort werden sie von Flöhen, also dem Zwischenwirt, aufgenommen. Erst nach dem Entwicklungsschritt im Floh werden die Bandwurmeier infektiös! Das bedeutet, daß sich Hund und Katze ohne Flöhe gar nicht anstecken können. Erst durch das Zerbeißen der Flöhe gelangt der Bandwurm in den Körper der Vierbeiner.

Sind Hund oder Katze sehr stark mit dem kürbiskernartigen Bandwurm befallen, magern sie ab, leiden an Durchfall, Bauchschmerzen, Blutarmut und Entwicklungsstörungen. Besonders bei Hunden fällt Besitzern auf, daß sie oft auffällig mit dem Hinterteil über den Boden rutschen. Dies deshalb, weil die Bandwurmglieder beim Auswandern aus dem After heftigen Juckreiz auslösen.

Wenn sich der Mensch mit dem kürbiskernartigen Bandwurm ansteckt, leidet er an ähnlichen Krankheitssymptomen, was zwar unangenehm, aber nicht lebensgefährlich ist.

Da Flöhe für die Verbreitung verantwortlich sind, beginnt die Vorbeugung schon bei der Flohbekämpfung. Hund und Katze müssen flohfrei gemacht werden, um den gefährlichen Kreislauf zu unterbrechen. Flohhalsbänder haben sich dabei bestens bewährt.

Der typische *Katzenbandwurm* tritt vor allem bei jenen Katzen auf, die viel im Freien sind und gerne jagen. Denn als Zwischenwirt dienen

Mäuse oder Ratten, in deren Leber sich die Bandwurmfinne entwickelt. Beim Fressen dieser Beutetiere stecken sich die Samtpfoten mit dem Katzenbandwurm an. Sie merken das, wenn sie bewegliche weiße Bandwurmglieder im Katzenkot finden. Die beste Vorbeugung ist, die Katze nicht ins Freie zu lassen.

Der *fünfgliedrige Fuchsbandwurm* kommt, wie der Name schon sagt, hauptsächlich beim Fuchs vor, aber er verschmäht auch Katzen nicht. Zwischenwirt für den Fuchsbandwurm ist die Feldmaus, die sowohl vom Fuchs als auch von der Katze gefressen wird. Der Mensch kann sich nicht nur bei der Katze anstecken, sondern auch durch Waldbeeren in verseuchten Gebieten, da die Bandwurmeier an den Beeren kleben können.

Der *dreigliedrige Bandwurm* befällt nur hundeartige wie Hund, Wolf usw. Als Zwischenwirt dienen Pferd, Wiederkäuer (Rind, Schaf, Ziege) und Schwein, in deren Leber und Lunge sich die bösartigen Finnen entwickeln. Werden diese Tiere geschlachtet und die befallene Leber und Lunge verfüttert, steckt sich der Hund mit dem Bandwurm an. Achten Sie also darauf, daß auch bei Hausschlachtungen verändert aussehende Innereien nicht an die Hunde verfüttert werden!

Da Sie sich durch innigen Kontakt mit dem Hund auch infizieren können, ist es äußerst wichtig, den Befall des Hundes mit dem Bandwurm zu verhindern. Die beste Vorbeugung ist, den Tieren niemals unbeschautes rohes Fleisch oder rohe Innereien zu geben. Bei Echinokokken-Befall Ihres Vierbeiners bemerken Sie die typischen rechteckigen Bandwurmglieder im Hundekot.

Für alle Bandwurmarten gilt: Bringen Sie Ihr Tier bei Bandwurm-Verdacht sofort zum Tierarzt. Er kann in ungeklärten Fällen durch eine Kotuntersuchung die Bandwurmart feststellen und den Vierbeiner mit entsprechenden Mitteln, meist in Tablettenform, entwurmen. Durch hygienische Maßnahmen, wie Flöhebekämpfung oder Abkochen bzw. Einfrieren des Frischfleischfutters, kann die Ansteckungsgefahr von Hund und Katze verhindert werden.

Der Herzwurm

Bei den inneren Parasiten tritt in jüngster Zeit der Herzwurm, den es früher bei uns gar nicht gab, immer häufiger auf. Der Herzwurm kommt

hauptsächlich beim Hund, manchmal aber auch bei der Katze vor. Stark verbreitet ist er in Amerika, auf den Kanarischen Inseln und in wärmeren Ländern Europas wie zum Beispiel in Spanien. In Österreich findet man den Herzwurm daher bei Hunden, die ihre Besitzer auf Reisen begleitet haben. Und da immer mehr Vierbeiner ins Ausland mitgenommen werden, häufen sich auch die Fälle von Herzwurmerkrankungen.
Die Infektion erfolgt durch Stechmücken, die beim Blutsaugen die sogenannten Mikrofilarien (eine Entwicklungsstufe des Herzwurms) aufnehmen. In der Mücke entwickeln sie sich zur infektiösen Larve, die beim nächsten Saugakt wieder in einen Hund gelangen. Erst sechs Monate später kann man den Herzwurm im Blut nachweisen. Die erwachsenen Herzwürmer befallen die rechte Herzkammer und die Lungenarterie, was zur Erweiterung der rechten Herzseite und Lungenthrombosen führt. Die Tiere sind matt, leiden an Atemnot, Husten, Leberstauung, Bauchwasser und Flüssigkeitsansammlung in den Beinen. Eine Behandlung ist zwar möglich, aber nicht ganz ungefährlich. Bei Reisen in warme Gebiete empfiehlt es sich, ihren Vierbeiner vorbeugend mit dem Wirkstoff Ivermectin, den der Tierarzt verordnet, zu schützen.

Äußere Parasiten

Zu den wichtigsten äußeren Parasiten, die Hund und Katze schwer zu schaffen machen, zählen Zecken, Flöhe und Milben.

Zecken

Je wärmer die Jahreszeit, desto größer die Plage. Zecken sind nicht wählerisch und befallen Hunde und Katzen gleichermaßen. Immer wieder wird der Tierarzt gefragt: «Gibt es eine vorbeugende Zeckenimpfung auch für Hund und Katze?» Die Antwort ist leider «Nein». Dies ist auch nicht nötig, denn unsere Vierbeiner erkranken nicht an der gefürchteten Zeckenzephalitis (Gehirnhautentzündung), gegen die wir Menschen geimpft werden. Sehr wohl können aber Hund und Katze nach einem Zeckenbiß an *Borreliose* (auch Lime-Krankheit genannt) erkranken. Und dagegen gibt es keine Impfung – weder für Menschen noch für Vierbeiner. Ungefähr jede fünfte Zecke ist mit dem Borreliose-Erreger infiziert. Als

Symptome erkennen Sie einige Tage nach Abfallen der Zecke eine leichte, vorübergehende, kreisförmige Rötung der Haut um die Bißstelle. Jetzt heißt es schnell zum Tierarzt gehen, der durch Verabreichung von Antibiotika das zweite, wesentlich unangenehmere Stadium verhindern kann: Fieberschübe und Gelenksentzündungen, verbunden mit Bewegungsstörungen. Auch die fortgeschrittene Form der Borreliose wird mit Antibiotika behandelt. Allerdings ist diese Therapie dann intensiver und langwieriger.

Überträger von Blutparasiten, die die sogenannte *Babesiose* auslösen, ist die Braune Hundezecke. Sie kommt vorwiegend in Mittelmeerländern vor, weil sie mildes Klima liebt. Sie tritt aber auch im Burgenland auf (meist in Tierställen wegen der Wärme) und in Ungarn, dem beliebten Jagdgebiet. Daher sind vor allem Jagdhunde gefährdet. Katzen wurden in unseren Breiten bis jetzt verschont. Die Babesiose konnte bis jetzt nur bei Katzen in Kalifornien, Afrika und Indien nachgewiesen werden.

Die Krankheit äußert sich durch Schwäche, hohes Fieber bis 42 Grad, blutige Durchfälle, braunroten Harn, Blutarmut, Abmagerung und schließlich Nierenversagen. Da die Beschwerden der Babesiose den Auswirkungen von Rattengift sehr ähnlich sind, müssen Sie den Tierarzt von eventuell vorhergegangenen Reisen informieren. Bei schwerem Verlauf der Babesiose reicht die medikamentöse Behandlung oft nicht aus. Dann werden zusätzlich Bluttransfusionen nötig sein.

Als Vorbeugung gegen Borreliose und Babesiose hilft nur die Bekämpfung der lästigen Zecken. Viele Tierbesitzer glauben, daß es im Herbst keine Zecken mehr gibt. Doch die Zeckenzeit ist mit Ende des Sommers noch nicht vorbei, sondern dauert – je nach Witterung – bis in den Oktober hinein. Mit Floh-Zecken-Halsbändern können Sie ihrem Liebling die Plagegeister vom Leib halten. Es gibt jetzt aber auch schon spezielle Zeckenhalsbänder im Handel.

Zum Thema Zecken noch eine oft gestellte Frage: «Wie entfernt man Zecken?» Am besten, Sie beträufeln die Zecke mit Öl oder Nagellackentferner, bis sie vollständig abgedeckt ist. Nach einiger Zeit ist die Zecke erstickt und läßt sich mit einer raschen Drehung entfernen.

Flöhe

Obwohl man zoologisch gesehen Hundefloh und Katzenfloh unterscheiden kann, tummeln sich beide auf Hund und Katze – auch bunt durcheinandergemischt. «Ein paar Flöhe schaden keinem Hund» ist ein weit verbreitetes Vorurteil. Flöhe sollte man nicht unterschätzen. Denn vor allem, wenn sie massenhaft auftreten, können sie schwere Krankheiten verursachen.

Da Flöhe sehr viel Blut saugen, ist Blutarmut bei Hund und Katze durch Massenbefall keine Seltenheit. Auch Flohallergien (gegen den Speichel der Flöhe) treten häufig auf. Dann genügt schon ein Biß pro Woche, um allergische Ekzeme auszulösen. Flöhe injizieren ihren Speichel in die Bißstelle, was zu heftigem Juckreiz führt. Durch das verzweifelte Kratzen des Vierbeiners wird die Haut so geschädigt, daß es zu Ekzemen und «Krätzenbildung» kommt.

Abgesehen davon sind Flöhe auch Überträger verschiedenster Krankheitserreger und Zwischenwirt für den kürbiskernartigen Bandwurm. Denn die Entwicklung dieses Bandwurms vollzieht sich im Floh. Zerbeißt der Hund oder die Katze den Floh, gelangt der Bandwurm in den Organismus des ohnehin schon geplagten Vierbeiners.

Wenn Sie nicht sicher sind, ob ihr Tier Flöhe hat, stellen Sie es auf eine weiße Unterlage und kämmen Sie es gegen den Haarstrich. Wenn schwarze Pünktchen aus dem Fell gleiten bzw. dann auf der weißen Fläche liegen, so handelt es sich dabei meist um Flohkot. Um ganz sicher zu gehen, tropfen sie etwas Wasser auf die Pünktchen. Verfärben sie sich rot, so ist es unverdautes Blut aus dem Flohkot. Zur Vorbeugung gegen Flöhe empfehlen sich die im Handel und beim Tierarzt erhältlichen Flohhalsbänder. Wenn Ihr Hund sehr empfindliche Haut hat, so legen Sie unter dem Flohband am besten das normale Halsband an. Auch verschiedene Flohsprays sind auf dem Markt. Bei starkem Flohbefall sollten Sie auch das Lager des Hundes besprühen. Da die Floheier nicht nur im Haarkleid von Hund und Katze abgelegt werden, sondern auch in Fußbodenritzen und Teppichböden, müssen diese gründlich gereinigt und gesaugt werden.

Nur unter dem Mikroskop zu erkennen sind Hauträude- und Ohrräudemilben. Sie wurden schon in den Kapiteln Haut und Ohren abgehandelt.

17

Epilepsie

Auch Hund und Katze können epileptische Anfälle erleiden. Immer wieder bringen aufgeregte Tierbesitzer ihre eigentlich gesund und munter wirkenden Vierbeiner in die Ordination und erzählen etwa folgende Geschichte: «Mein Tier zeigte keine Krankheitszeichen, bis es plötzlich mit steif von sich gestreckten Beinen zu Boden stürzte. Es speichelte, ruderte dann mit den Beinen in der Luft, riß die Augen weit auf, nahm aber die Umwelt offenbar nicht wahr, weil es nicht auf mich reagierte. Nach ein bis zwei Minuten war der Anfall vorüber.»

Nach so einer Schilderung weiß der Tierarzt sofort, daß es sich hier um einen epileptischen Anfall gehandelt hat. Epilepsie tritt bei Hunden sehr häufig auf, bei Katzen eher seltener, dafür aber um so heftiger.

Die Ursache von Krampfanfällen sind elektrische Entladungsstörungen im Gehirn. Wenn sich diese Anfälle periodisch wiederholen, spricht man von Epilepsie. Man unterscheidet zwei Formen der Epilepsie: Die echte und die erworbene.

Bei der echten, primären oder idiopathischen Epilepsie sind keine krankhaften Veränderungen im Gehirn feststellbar. Auch sonst zeigt das Tier keine Krankheitssymptome. Man weiß eigentlich bis heute nicht, warum es zu den Entladungsstörungen und damit zu den Krampfanfällen kommt. 80 Prozent aller Epilepsiefälle bei Hund und Katze sind der echten Epilepsie zuzuordnen, die leider unheilbar ist. Man kann lediglich mit Medikamenten die Abstände zwischen den einzelnen Anfällen verlängern, die Anfallsdauer verkürzen und die Heftigkeit abschwächen. Die echte Epilepsie ist vererbbar und tritt erstmals etwa im Alter von sechs Monaten bis zu fünf Jahren auf. Männliche Tiere sind anfälliger als weibliche.

Die erworbene, sekundäre oder symptomatische Epilepsie ist auf krankhafte Veränderungen im Organismus zurückzuführen, die erst im Laufe des Lebens erworben werden. Sie kann durch Gehirntraumen nach Unfällen, im Verlauf von Infektionskrankheiten (z. B. Staupe, Toxoplasmose, Tollwut), bei Gehirntumoren oder bei Stoffwechselerkrankungen durch Ernährungsmängel auftreten, besonders dann, wenn dem Körper Vitamine der B-Gruppe fehlen. Auch Vergiftungen (z. B. Blei, Strychnin, Insektenvertilgungsmittel, Pflanzenschutzmittel) können solche Krampfanfälle auslösen.

Das Erscheinungsbild der echten und der erworbenen Epilepsie ist gleich. Nur nach einer gründlichen Untersuchung kann der Tierarzt feststellen, um welche Epilepsieform es sich handelt. Epileptische Anfälle laufen meist nach einem bestimmen «Muster» ab:

1. Die Anfallsvorbereitungszeit:
Sie kann Stunden, manchmal sogar Tage dauern. Das Tier läuft unruhig umher. Es zeigt gesteigerten Bewegungsdrang, der sich schließlich ins Gegenteil verkehrt: Der Vierbeiner verkriecht sich.

2. Die Aura:
Diese Phase ist sehr kurz und eher unauffällig, das Tier sucht aber die Nähe des Besitzers.

3. Der eigentliche Krampfanfall:
Die häufigsten Erscheinungsbilder, die jedoch von Fall zu Fall verschieden sein können, sind: Plötzliches Umfallen mit steif weggestreckten Gliedern, der Körper zuckt krampfartig, die Beine rudern in der Luft, das Tier speichelt, hat Schaum vor dem Maul, macht unbewußte Kaubewegungen und kann das Absetzen von Harn und Kot nicht mehr kontrollieren. Die Pupillen sind weit aufgerissen, die Tiere erkennen ihre Besitzer nicht und nehmen die Umwelt nicht mehr wahr. Man nennt dies auch einen «generalisierten Anfall», der etwa ein bis fünf Minuten andauern kann.

4. Die Erholungsphase nach dem Anfall:
Manche Tiere stehen nach überstandenem Anfall auf und sind innerhalb weniger Sekunden oder Minuten wieder in Ordnung, so, als ob nichts geschehen wäre. Andere wiederum erscheinen noch Stunden oder Tage nach dem Anfall verwirrt, unruhig, bewußtseinsgestört und können sich nur schwer orientieren.

Es kann auch vorkommen, daß die Krampfanfälle ohne Erholungsphase kurz hintereinander einsetzen. Man spricht von einem «Status epilepticus». Das Tier ist dann in einer absoluten Notsituation, die ohne tierärztliche Hilfe zum Tod des Vierbeiners führen kann.

Wie soll sich nun ein Tierbesitzer verhalten, wenn sein Liebling einen Anfall erleidet? Am besten, Sie legen das Tier in einen ruhigen, abgedunkelten Raum auf eine Decke am Boden und verhalten sich möglichst still. Setzen Sie keine Eigenaktionen. Vermeiden Sie Licht und Lärm, die einen Anfall noch verstärken können. Wenn der Anfall nach einigen Minuten vorbei ist, bringen Sie den Vierbeiner rasch zum Tierarzt, der feststellen muß, ob es sich um eine erworbene oder echte Epilepsie handelt. Bei der erworbenen muß dann selbstverständlich die Grunderkrankung behandelt werden.

Bei der echten Epilepsie verordnet der Tierarzt eine medikamentöse Dauertherapie, die Sie dann zu Hause gewissenhaft weiterführen müssen. Das heißt, Sie dürfen nicht darauf vergessen, Ihrem Hund oder Ihrer Katze die Medikamente zu verabreichen. Leider kommt es auch immer wieder vor, daß Tierbesitzer nach längerer, anfallsfreier Zeit die Medikamente ohne ärztliche Rücksprache einfach absetzen. Doch plötzlicher Entzug der Arznei kann möglicherweise einen tödlichen «Status epilepticus» auslösen. Deshalb ist die Mithilfe des Tierbesitzers für die Behandlung so wichtig. Denn bei guter Zusammenarbeit von Arzt und Tierbesitzer können auch epileptische Vierbeiner noch ein schönes, langes Leben führen.

18

Tumoren

Im Gegensatz zu Infektionskrankheiten, die durch Impfungen und Antibiotika ihren Schrecken verloren haben, gewinnen Tumorerkrankungen wegen der höheren Lebenserwartung unserer Haustiere immer mehr an Bedeutung. Denn ältere Tiere bekommen wesentlich häufiger Tumoren als jüngere. Unter einem Tumor versteht man Zellwucherungen, deren Vermehrung sich dem Kontrollmechanismus des Körpers entzogen hat. Das heißt, ein Tumor wächst wild und regellos. Man unterscheidet gutartige und bösartige Tumoren (Krebs), wobei vor allem beim Hund glücklicherweise die gutartigen Tumoren in der Mehrzahl sind.
Am schnellsten bemerken Sie bei ihrem Hausgenossen Tumoren der Haut und des Unterhautgewebes. Diese machen fast die Hälfte aller tumorartigen Veränderungen bei Hund und Katze aus und sind zum Großteil gutartig. Zu den Tumoren der Haut und des Unterhautgewebes zählt man warzenähnliche Veränderungen wie Papillome, Fettgewebsgeschwülste (Lipome), Bindegewebsgeschwülste (Fibrome) und Talgdrüsentumoren.

Papillome

Dabei handelt es sich um zerklüftete, warzenartige Wucherungen der Haut, die breit aufsitzen und hauptsächlich bei älteren Hunden und Katzen vorkommen. Meist stören sie nicht weiter, nur wenn sie geschwürig zerfallen und bluten, muß man sie chirurgisch entfernen. Danach heilen sie vollständig ab.

Talgdrüsentumoren

Bei Katzen findet man sie selten, um so häufiger jedoch bei sehr alten Hunden. Es sind gutartige Geschwülste der Talgdrüsen, die am ganzen Körper verstreut auftreten, sogar an Augenlidern.
Fälschlicherweise werden sie manchmal als Warzen bezeichnet. Sie sind meist nur einen Zentimeter groß und immer gut gegen die Unterlage verschiebbar. In seltenen Fällen werden diese Tumoren auch sehr groß. Talgdrüsentumoren erzeugen Juckreiz. Deshalb neigen Hunde dazu, diese aufzuscheuern oder aufzukratzen. Die operative Entfernung befreit die Tiere von den lästigen Gewächsen und bringt vollständige Heilung.

Perianaltumoren

Sie kommen nur beim Hund vor und sind wesentlich unangenehmer als die oben beschriebenen Tumoren. Sie nehmen von den Drüsenzellen rund um den Anus ihren Ausgang. Vor allem alte Rüden neigen dazu, Hündinnen hingegen nur sehr selten. Zuerst bemerken Sie kleine, feste Knoten unter der Haut rund um den Anus. Manchmal werden diese Tumoren recht groß. Außerdem neigen sie dazu, geschwürig zu zerfallen und zu bluten. In fortgeschrittenem Stadium hat der Hund Schwierigkeiten, den Kot abzusetzen. Obwohl die Perianaltumoren meist gutartig sind, ist die chirurgische Entfernung wegen der ungünstigen Lage nicht zu empfehlen. Außrdem käme es oft trotzdem zur Neubildung dieser Tumoren. Auch ist die Wundheilung im Analbereich eher schlecht. Sind die Perianaltumoren sehr groß, empfiehlt es sich, den Hund kastrieren zu lassen, da sich die Tumoren durch die mit der Operation verbundene Hormonveränderung verkleinern. Auch Hormonbehandlungen führen zu vorübergehender Besserung. Langanhaltende Besserung kann man mit Strahlentherapie erzielen, da Perianaltumoren strahlenempfindlich sind.

Bindegewebstumoren (Fibrome)

Sie gehören zu den häufigsten, äußerlich sichtbaren Geschwülsten. Sie sind derb oder weich, gut abgegrenzt und verschiebbar. In der Gegend des Fibroms sind die Haare meist ausgefallen. Fibrome wachsen langsam und neigen auch nicht zu geschwürigem Zerfall. Diese gutartigen Bindegewebstumoren sind leicht zu operieren und bilden sich auch kaum wieder nach. Man findet sie am häufigsten beim Hund, seltener bei der Katze. Katzen neigen leider eher zu den bösartigen Bindegewebstumoren (Fibrosarkome), die viel schneller wachsen und dann auch zur Metastasierung (Bildung von Tochtergeschwülsten) neigen.

Fettgewebsgeschwülste (Lipome)

Auch die Lipome kommen beim Hund wesentlich häufiger vor als bei Katzen. Sie sind meist gutartig und treten vor allem bei fettsüchtigen alten Hündinnen auf. Die Fettgewebsgeschwülste liegen im Fettgewebe unter der Haut, im Bereich der Flanke, in der Brustbeingegend, über den Rippen und unter den Achseln. Lipome fühlen sich weich an, sind deutlich abgegrenzt und verschiebbar. Sie können ziemlich groß werden. Die chirurgische Entfernung selbst großer Lipome bereitet keine Schwierigkeiten. Konsequente Diät einige Monate vor der Operation kann eine Verkleinerung des Tumors bewirken, der dann noch leichter zu entfernen ist.

Tumoren der Milchdrüse (Mammatumoren)

Sehr häufig, sowohl beim Hund als auch bei der Katze, sind die Tumoren der Milchdrüse. Etwa jede zweite ältere Hündin erkrankt daran. Allerdings sind die Mammatumoren bei Hündinnen meist gutartig. Ungünstig ist die Situation für Katzen, weil bei ihnen die Mammatumoren meist bösartig sind.

Die gutartigen Mammatumoren sind stark abgegrenzt und unter der Haut leicht verschiebbar. Man findet sie vor allem bei Hündinnen im fortgeschrittenen Alter, meist gleichzeitig an mehreren Drüsenkomplexen. Sie sind unterschiedlich groß, fest, knotig, gut von der Umgebung abgesetzt und wachsen langsam. Unmittelbar nach der Läufigkeit nehmen sie oft beträchtlich an Größe zu, bilden sich dann aber wieder zurück. Bei Hündinnen, die noch nicht uralt sind, sollten auch kleine Geschwülste sofort operativ entfernt werden, um den eventuellen Übergang in die bösartige Form mit der Bildung von Tochtergeschwülsten zu verhindern. Äußerst selten findet man Mammatumoren auch bei alten Rüden.

Bösartige Mammatumoren bilden sich bei Katzen im gesamten Drüsenbereich, bei Hündinnen eher in den hinteren Gesäugepartien. Diese Tumoren sind fest mit der Haut und dem darunterliegenden Gewebe verwachsen (lassen sich also nicht verschieben), wachsen sehr schnell und neigen zu geschwürigem Zerfall. Bei Verdacht auf bösartigen Mammatumor sollte unbedingt ein Lungenröntgen angefertigt werden, um eventuelle Metastasen festzustellen. Sind bereits Tochtergeschwülste vorhanden, sollte man auf eine Operation verzichten, weil die Krankheit dadurch nicht mehr geheilt werden kann, der Organismus aber durch den Eingriff unnötig belastet wird. Mammatumoren beugt man am besten durch die Kastration vor. Der Eingriff sollte schon vor der zweiten Läufigkeit gemacht werden. Die Kastration ist auch bei älteren Hündinnen das beste Mittel, um die Ausbreitung von Knoten oder deren Nachwachsen nach einer Tumorentfernung zu verhindern.

Tumoren der weiblichen Geschlechtsorgane

Diese Tumoren bilden sich bei Hund und Katze hauptsächlich an Eierstöcken, Scheide und Scham. Im Gegensatz zum Menschen findet man bei den Vierbeinern Gebärmuttertumoren nur ganz vereinzelt.

Tumoren der Eierstöcke zeigen beim Hund die gleichen Symptome wie eine Scheinträchtigkeit (siehe Kapitel Erkrankungen der Geschlechtsorgane). Der Bauchumfang nimmt auffallend zu, das Gesäuge schwillt an, es kommt sogar zu Milchbildung, und das Tier benimmt sich sehr unruhig. Hormontherapien (zum Beispiel zur Verhinderung der Trächtigkeit) fördern die Bildung von Eierstockzysten, die in Extremfällen zu Bauchhöhlengröße anwachsen können. Daher sollte man Hormontherapien möglichst vermeiden! Zur Behandlung von Eierstocktumoren und Zysten empfiehlt sich die chirurgische Entfernung der Eierstöcke.

Scheidentumoren findet man bei alten, nicht kastrierten Hündinnen. Es sind dies gestielte Bindegewebsgeschwülste, die aus der Scheide herausragen können. Bilden sich die Tumoren im Dammbereich, können sie Beschwerden beim Kotabsatz verursachen.

Diese Tumoren lassen sich sehr gut chirurgisch entfernen. Es besteht auch keine Gefahr von Rückfällen. Auch eine nachträgliche Kastration kann die Rückbildung von Scheidentumoren bewirken.

Tumoren der männlichen Geschlechtsorgane

Bei älteren Rüden kommen häufig *Hodentumoren* vor, die in verschiedenen Formen auftreten können, von denen allerdings nur eine bösartig ist. Aber auch die bösartige Form bildet fast nie Metastasen. Erste Anzeichen bei Hodentumor: Der Hoden fühlt sich knotig und hart an. Typisches Merkmal für Hodenkrebs ist die Verweiblichung des Rüden. Bei dieser Form des Hodentumors wird nämlich die Produktion von Östrogen angeregt (weibliche Geschlechtshormone). Die Brustdrüsen des Rüden vergrößern sich, der durch die weiblichen Hormone veränderte Geruch des Rüden macht ihn für andere Rüden sexuell interessant. Im Hodenbereich fallen die Haare großflächig aus, die Haut verfärbt sich dunkel. Als einzig wirksame Therapie kommt die Kastration in Frage. Die Heilungsaussichten sind gut. Die Haare wachsen wieder nach, und die Verweiblichung geht zurück.

Wenn jedoch kryptorchide Hoden (Hoden, die in der Bauchhöhle steckengeblieben sind) von Krebs befallen werden, sind die Aussichten auf Heilung nicht so gut, weil die Krebswucherungen in die Bauchhöhle und die benachbarten Nieren übergreifen können. Dann bringt auch die Operation keinen Erfolg.

Prostatakrebs kommt beim Kater überhaupt nicht vor und beim Hund nur selten. Erste Anzeichen: Die Hunde haben Schwierigkeiten, Kot und Harn abzusetzen. Diese Krebsform bildet massiv Metastasen in Lymphknoten, Bauchorganen, Lendenwirbeln und Beckenknochen. Außerdem neigt der Tumor zu ausgeprägten Verwachsungen mit dem Blasenhals, was den Harnabsatz zusätzlich erschwert. Die Behandlungsaussichten sind so ungünstig, daß von einer Operation, die nur unnötig den Organismus belastet, unbedingt abzuraten ist. Lediglich die Kastration und eine anschließende Hormonbehandlung können das Fortschreiten der Krankheit verzögern.

Eine *gutartige Vergrößerung der Prostata* (Prostatahyperplasie) tritt hauptsächlich beim Hund ab dem fünften Lebensjahr auf und ist wahrscheinlich auf ein gestörtes hormonelles Gleichgewicht zurückzuführen.

(Die Vergrößerung der Prostata wird im Kapitel «Erkrankungen der Geschlechtsorgane» genau beschrieben). Die beste Behandlung ist, den Rüden kastrieren zu lassen, denn die Entfernung der Prostata löst bei dem Tier oft Harnträufeln aus.

Tumoren der Harnblase

Gutartige Wucherungen sind oft Folge jahrelanger, chronischer Blasenentzündungen. Das Tier kann jedoch vollständig geheilt werden, wenn man die Wucherungen chirurgisch entfernt.
Harnblasenkrebs äußert sich durch erschwertes Wasserlassen. Dem Harn ist Blut und Eiter beigemengt. Das Krankheitsbild ähnelt dem der chronischen, therapieresistenten Blasenentzündung. Die Prognosen für den Krankheitsverlauf sind äußerst ungünstig. Denn der Krebs streut Tochtergeschwülste in die Lymphknoten. Dem Tierarzt bleibt nur, die Schmerzen des Vierbeiners für einige Monate zu lindern. Dann muß er das Tier durch die schmerzfreie Einschläferung von seinem Leiden erlösen.

Gehirntumoren

Gar nicht so selten treten bei Hunden und Katzen Tumoren im Gehirn auf. Die Krankheit äußert sich durch vielfältige Symptome: Mattigkeit wechselt mit gesteigerter Erregbarkeit, das Tier beginnt anfallsweise zu zittern, verändert seinen Charakter (zum Beispiel wird ein ansonst ruhiges, friedliches Tier plötzlich aggressiv und bissig). Oft halten die Vierbeiner den Kopf schief oder gehen dauernd im Kreis (sogenannte Manegebewegungen). Manche Tiere haben Schwierigkeiten beim Fressen, oder die Augäpfel beginnen rhythmisch zu zittern, die Pupillen erweitern sich, und die Lider hängen kraftlos herunter. Es gibt leider noch keine Möglichkeit, Gehirntumoren bei Hund und Katze zu behandeln. Die Tiere sollten so rasch wie möglich durch den Tierarzt von ihrem Leiden befreit werden.

Herzbasistumoren

Vor allem ältere Hunde, und da wiederum vorwiegend Boxer, leiden an Herzbasistumoren. Betroffene Vierbeiner zeigen alle Symptome einer

Herzschwäche (siehe Kapitel Herzerkrankungen). Dieser Tumor löst meist auch ein Lungenödem (Wasseransammlung im Lungengewebe) aus, weshalb die Tiere auch stark husten, und bewirkt außerdem Stauungen in der Leber, weil der Blutfluß durch das kranke Herz beeinträchtigt ist. Der Krebs durchwächst sehr rasch das gesamte Herz und bildet Metastasen in der Lunge. Therapie ist keine möglich. Die armen Vierbeiner müssen eingeschläfert werden.

Knochenkrebs

Knochenkrebs befällt besonders häufig die langen Röhrenknochen, Rippen und Schädelknochen. Die Krankheit tritt häufiger bei Hunden auf als bei Katzen, bei denen vor allem ältere Tiere betroffen sind. Große Hunderassen wie zum Beispiel Doggen sind für diesen Krebs anfälliger als Hunde unter 15 Kilogramm Körpergewicht.
Beim Krebs der langen Röhrenknochen fällt Ihnen zuerst auf, daß Ihr Gefährte plötzlich lahmt. Bald darauf werden Schwellungen am Knochen deutlich sichtbar. Für die genaue Diagnose muß der Tierarzt eine Röntgenaufnahme anfertigen. Bestätigt sich der Verdacht, sollte der Vierbeiner eingeschläfert werden. Denn leider ist eine Behandlung aussichtslos. Sogar nach Amputation der betroffenen Gliedmaßen treten einige Zeit später Tochtergeschwülste in der Lunge auf.
Bei Krebs des Schädelknochens fällt die deutliche Auftreibung des Knochens auf. Diese Krebsform neigt zwar nicht zur Metastasenbildung, die Erfahrung hat jedoch gezeigt, daß sich der Tumor bald nach der Operation neu bildet.

Lebertumoren

Da Leberleiden – wie schon im Kapitel Erkrankungen der Leber besprochen – lange Zeit keine Störungen verursachen, weil die Leberzellen große Regenerationsfähigkeit besitzen, werden Lebertumoren meist erst entdeckt, wenn sie schon sehr groß sind.
In fortgeschrittenem Stadium vergrößert sich der Bauchumfang, der Vierbeiner erbricht und hat keinen Appetit. Die Vorhersage für den Krankheitsverlauf ist denkbar schlecht. In vielen Fällen reißt die Leber-

kapsel, und das Tier stirbt plötzlich an inneren Blutungen in die Bauchhöhle. Selbst wenn der erkrankte Leberlappen noch entfernt werden kann, stirbt das Tier meist bald an Tochtergeschwülsten in der Lunge.

Bauchspeicheldrüsenkrebs

Bauchspeicheldrüsenkrebs zählt zu den häufigsten Krebsformen in der Bauchhöhle und betrifft Hund und Katze gleichermaßen. Dem Besitzer fällt auf, daß sein Gefährte lethargisch durch die Gegend schleicht, keinen Appetit hat und der Bauchumfang zunimmt. In fortgeschrittenem Stadium tritt oft Gelbsucht auf, weil ein großer Tumor auf den Gallengang drückt und den Rückstau der Gallenflüssigkeit ins Blut bewirkt. Die genaue Diagnose wird durch Röntgen, Ultraschall und Blutbefunde gestellt. Beim Bauchspeicheldrüsenkrebs bilden sich sehr rasch Metastasen in Leber, Milz und Nieren. Daher kann man lediglich Beschwerden für einige Zeit lindern, dann sollte der vierbeinige Patient jedoch eingeschläfert werden.

Lungentumoren

Die meisten Lungentumoren bei Hund und Katze sind auf Metastasen bösartiger Wucherungen in anderen Organen zurückzuführen. Primäre Lungentumoren, das heißt Tumoren, die ihren Ursprung wirklich in der Lunge haben, sind im Gegensatz zum Menschen bei unseren vierbeinigen Hausgenossen äußerst selten. Und wenn sie vorkommen, sind sie meist bösartig und bilden wiederum Metastasen in anderen Organen, sehr häufig in den Knochen. Lungentumoren sind meist Zufallsbefund im Zuge einer Röntgenuntersuchung.
Die Auswirkungen von Lungentumoren hängen vom Ausmaß des Tumors und von der Wachstumsgeschwindigkeit ab. Bevor noch typische Lungensymptome auftreten, kann sich bei den Tieren zuerst Abgeschlagenheit, Abmagerung, Appetitlosigkeit und Schwäche zeigen. Im weiteren Krankheitsverlauf beginnen die Tiere zu husten und leiden unter Atemnot. Durch den Sauerstoffmangel verfärben sich die Schleimhäute bläulich. Fieber tritt auf. Später ist dem Husten auch Blut beigemengt.
Wird ein primärer Lungentumor etwa im Rahmen einer Gesundenunter-

suchung frühzeitig entdeckt, besteht Hoffnung auf Heilung, wenn das befallene Gewebe entfernt wird. Handelt es sich jedoch um Metastasen bösartiger Geschwülste aus anderen Organen, was ja leider meist der Fall ist, so sind die Aussichten natürlich dementsprechend schlecht, weil die Metastasen das Endstadium eines Tumorgeschehens darstellen.

Lymphdrüsenkrebs (Leukose)

Leukose ist die häufigste Geschwulsterkrankung bei der Katze, kommt aber auch beim Hund vor. Wichtig ist zu unterscheiden, daß die Katzen-Leukose und die Hunde-Leukose nichts miteinander zu tun haben. Dies bedeutet, daß Katze und Hund einander nicht anstecken können, wie oft befürchtet wird. Was jedoch die Tumorbildung betrifft, ist der Krankheitsverlauf bei beiden Tieren sehr ähnlich.
Die Leukose der Katze wird durch das sogenannte FeLV-Virus hervorgerufen und ist für andere Katzen sehr ansteckend. Dies wurde bereits im Kapitel Infektionskrankheiten ausführlich besprochen. Hier soll jedoch noch ergänzt werden, daß die Tumorbildung am häufigsten im Verdauungstrakt beginnt. Starke Durchfälle, Appetitlosigkeit und Erbrechen sind erste Anzeichen. Die Darmlymphknoten sind stark vergrößert, was der Tierarzt beim Abtasten bereits spüren kann. Wucherungen treten in allen Darmbereichen auf. Oft wächst der Krebs in die Niere ein, was zu Nierenversagen und plötzlichem Tod des Vierbeiners führt. Wird bei einer Katze Lymphknotenkrebs des Verdauungstraktes festgestellt, so überlebt sie noch höchstens acht Wochen. Oder man entschließt sich gleich, den armen Vierbeiner einschläfern zu lassen, um ihm unnötiges Leid zu ersparen.
Die Ursache für die Leukose beim Hund ist noch ungeklärt. Oft leiden die Hunde am sogenannten «Multizentrischen Typ» der Leukose. Meist sind Hunde ab dem vierten Lebensjahr davon betroffen. Alle Lymphknoten sind geschwollen. Zuerst werden die Lymphknoten im Halsbereich befallen (Sie merken das an großen Knoten), und auch die Mandeln sind stark vergrößert. Schließlich vergrößern sich beiderseits alle tastbaren Lymphknoten (zum Beispiel Ohrgrundlymphknoten, Lymphknoten im Achsel- und Kniekehlenbereich). Auch Leber und Milz vergrößern sich, wodurch der Bauchumfang auffallend zunimmt. Die vierbeinigen Pati-

enten sind auch blutarm (anämisch), haben keinen Appetit mehr und magern ab. Für die Diagnose muß befallenes Lymphknotengewebe chirurgisch entnommen und auf Krebswucherungen untersucht werden. Auch beim Hund ist die Leukose unheilbar. Wenn die ersten Symptome auftreten, muß man damit rechnen, daß die Vierbeiner nur noch wenige Monate leben.

19

Geriatrie: Probleme älterer Tiere

Geriatrie ist die Lehre von der Altersforschung. Sie ist nicht nur für den Menschen von Bedeutung, sondern auch ein wichtiger Bestandteil der Tiermedizin geworden. Denn Hunde und Katzen werden heutzutage dank Impfung, Untersuchungen und artgerechter Ernährung immer älter. Und Sie als Tierbesitzer möchten natürlich, daß Ihr Gefährte gesund alt wird. Natürliche Verschleißerscheinungen kann zwar niemand verhindern, aber es gibt doch viele Möglichkeiten, Abbauprozesse im Körper zu verzögern und Krankheiten vorzubeugen. Ab wann man ein Tier als «alt» einstuft, hängt natürlich von der Tierart und da wiederum von der Rasse ab.
Große Hunderassen zählen schon ab dem fünften Lebensjahr zu den «Senioren». Kleine Hunde und Katzen stehen mit sieben Jahren etwa in der Mitte ihres Lebens. Wobei zu sagen ist, daß «normale» Hauskatzen und Mischlingshunde durchschnittlich länger leben als Rassetiere. Etwa zehn bis 17 Jahre dauert ein Hundeleben, Katzen werden bei guter Pflege mitunter 20 Jahre und älter.
Typische Anzeichen dafür, daß das Tier alt wird, sind: Seine Aktivität läßt nach, es nimmt plötzlich an Gewicht zu oder magert auffallend ab. Meist ändert sich auch das Verhalten des Vierbeiners. So können bis dahin saubere Tiere ihre Stubenreinheit plötzlich verlieren, was nichts mit «Bosheit» zu tun hat, sondern mit Senilität. Das heißt, Hund und Katze vergessen anerzogene Verhaltensweisen.
Und nicht zuletzt ist auch die Umwelt, die Umgebung, in der das Tier lebt, ein Faktor für sein Alter. Hunde und Katzen, die sich allein im Freien bewegen dürfen, sind natürlich größeren Gefahren ausgesetzt als Stubentiere.

So beträgt etwa die durchschnittliche Lebenserwartung einer wildlebenden Katze nur zwei Jahre. Oft werden die Tiere überfahren, vergiftet, vom Jäger erschossen, in Fallen gefangen usw. Auch kastrierten Vierbeinern ist ein längeres Leben beschieden als unkastrierten.
Einfluß auf Wohlbefinden und Lebenserwartung haben auch Streß und Umgebungswechsel. Ältere Vierbeiner verkraften einen Platzwechsel viel schwerer als junge, und es erfordert oft viel Geduld und Zuwendung, bis sie sich an einen neuen Besitzer gewöhnen. Auch ständiger Lärm und Unruhe an einem bis dahin ruhigen Platz kann den Vierbeiner in Dauerstreß versetzen und damit sein Leben verkürzen.
Das Altern selbst ist keine Krankheit. Es bedeutet aber, daß die Regenerationskraft, also die Erneuerung aller Zellen im Körper, nachläßt. Damit sinkt natürlich auch die Leistungsfähigkeit der Organe. Sobald ein Tier erwachsen ist, beginnt der Körper bereits wieder abzubauen. Dies geht allerdings so langsam vor sich, daß wir lange Zeit keine Beeinträchtigung merken.
Erst mit fortgeschrittenen Jahren hinterläßt dieser Prozeß seine Spuren. Der Stoffwechsel ändert sich. Die Ausscheidung giftiger oder gebrauchter Stoffe verlangsamt sich. Das Atmungsvermögen wird geringer. Die Abwehrkraft des Körpers ist nicht mehr so stark wie in jungen Jahren. Die Gelenke nützen sich ab. Ein älteres Tier braucht viel länger, sich von einer Streßsituation zu erholen usw.
Wir kennen das von uns selbst: Diese Veränderungen sind mit ein Grund, warum Mensch und Tier im Alter leichter erkranken. Und so stellen Besitzer alternder Tiere immer wieder fest, daß ihre Lieblinge ähnliche Probleme wie sie selbst haben: Herz- und Nierenerkrankungen, Arthrose, Wirbelsäulenleiden usw.
Auch ein älteres Tier kann, wenn es gesund ist, seinem Besitzer noch viele Jahre Freude bereiten. Allerdings sollte man rechtzeitig mit einem vorbeugenden Gesundheitsprogramm beginnen (siehe Kapitel Vorsorgeuntersuchungen). Unglücklicherweise verabsäumen es viele Tierbesitzer, das vorgerückte Alter und die damit verbundenen veränderten Bedürfnisse ihres Lieblings zu erkennen, bis eine Krankheit unübersehbar fortschreitet und oft schwer und langwierig zu behandeln ist.
Wie die Erfahrung gezeigt hat, werden Erkrankungen meist erst dann wahrgenommen, wenn schon ein hoher Prozentsatz der Zellen eines

Organs (etwa zwei Drittel) nicht mehr funktionstüchtig sind. Deshalb kann der Vorsorgeuntersuchung in Verbindung mit Labortests gar nicht genug Bedeutung beigemessen werden. Denn beginnende Erkrankungen zeigen sich schon viel früher in veränderten Blutwerten.
Viele altersbedingte Leiden, die früher ein Grund zum Einschläfern waren, kann der Tierarzt heute behandeln. Chronische Krankheiten wie Herzklappenfehler, Nieren- und Zuckerkrankheit und Arthrosen können zwar nicht geheilt, aber gestoppt oder deren Fortschreiten zumindest verlangsamt und Beschwerden gelindert werden. Das Ziel der Betreuung von älteren Vierbeinern ist, ihre Lebensqualität zu erhalten oder zu verbessern.
Der Tierbesitzer kann dadurch mithelfen, daß er größere Veränderungen im Lebensbereich des Vierbeiners vermeidet und die Behandlung mit gesunder, altersgerechter Ernährung unterstützt.

Häufige Beschwerden älterer Tiere

Alte Tiere haben nicht mehr ein so starkes Durstempfinden wie junge Vierbeiner. Deshalb trinken sie meist auch zuwenig. Das führt zur allgemeinen *Austrocknung* des Gewebes. Dadurch kann der Organismus die Körperwärme nicht mehr richtig regulieren, was zur Folge hat, daß die «Senioren» unter den Hausgenossen Hitze oder Kälte nicht mehr so gut vertragen. Durch die verminderte Flüssigkeitszufuhr ist auch die Nierenfunktion eingeschränkt. Durch die geringen Flüssigkeitsmengen ist der Harn so konzentriert, daß sich auch leicht Steine bilden.
Auch die Funktion der Sinnesorgane läßt im Alter nach. Riechen und schmecken Hund und Katze nicht mehr richtig, fressen sie auch weniger und führen dem Körper nicht genügend wichtige Nahrungsbestandteile zu. Deshalb magern manche Tiere stark ab. Dies können Sie leicht ausgleichen, indem Sie das Futter möglichst schmackhaft zubereiten und etwas anwärmen.
Etwa ab dem zwölften Lebensjahr sehen und hören Hunde häufig schlechter (Katzen sind nur selten davon betroffen). *«Grauer Star»* ist das häufigste Augenleiden, weswegen Hunde zum Tierarzt gebracht werden. Beim «Grauen Star» trübt sich die Augenlinse milchig weiß. Die Er-

krankung beginnt meist im Alter von acht Jahren, schreitet langsam fort und gehört zum normalen Alterungsprozeß.
Für den Hund ist das eigentlich nicht so schlimm, da für ihn als «Nasentier» scharfes Sehen nicht so wichtig ist. Außerdem dauert es meist sehr lange, bis die gesamte Linse völlig eingetrübt ist. Die Randzonen bleiben lange durchsichtig, so daß die Hunde über lange Zeit ihre Umwelt zwar eingeschränkt, aber dennoch wahrnehmen können.
Wenn Sie wissen wollen, ob der Hund bereits ganz erblindet ist, gibt es einen einfachen Test: Führen Sie den Hund in einem leeren Raum mehrmals hin und her. Dann stellen Sie ihm ein Hindernis in den Weg. Umgeht er es, ist er noch nicht erblindet. Verhindern läßt sich «Grauer Star» zwar nicht, aber gewisse Therapien können das Fortschreiten verlangsamen. Leidet das Tier jedoch auch unter Zuckerkrankheit (Diabetes mellitus), die unbehandelt bleibt, dann wird der Vierbeiner sehr rasch völlig erblinden.
«*Grüner Star*» (Glaukom) ist häufig die Folge von chronischer Nierenerkrankung und damit verbundenem Blut- und Augenhochdruck. Es kommt zur völligen Erblindung. Besonders sehr kleine, sogenannte Toy-Rassen, leiden im Alter häufig an geschrumpften Augäpfeln. Im Verlauf dieser Krankheit rollen sich die Unterlider ein, scheuern auf der Hornhaut und verursachen lästige Hornhautgeschwüre. Dies tritt meist gleichzeitig an beiden Augen auf. Erste Anzeichen: eitrig-entzündete Lidbindehäute.
Oft bilden sich bei älteren Hunden auch Gewächse an den Augenlidern. Verursachen diese Hornhautreizungen oder Geschwüre, so müssen sie operativ entfernt werden.
Wenn alte Hunde ganz offensichtlich nichts mehr hören, glauben viele Tierbesitzer, daß die Gehörgänge verstopft sind. Das ist ein Irrglaube. *Taubheit* ist niemals die Folge verstopfter Gehörgänge. Der Grund dafür ist die Rückbildung der Innenohrschnecke und der Gehörknöchelchen im Mittelohr. Leichte Besserung können Sie dem Tier verschaffen, wenn Sie ihm Vitamin B 12, B 1, B 6 und Vitamin E verabreichen. Ein Versuch lohnt sich in jedem Fall, denn diese Vitamine tun dem gesamten Organismus gut.
Immer wieder werden Hunde – selten Katzen – zum Tierarzt gebracht, weil sie plötzlich starr vor sich hinschauen, dauernd stereotyp im Kreis

gehen («Manegebewegungen»), schwanken und kaum ansprechbar sind. Diese Symptome treten nach einem *Gehirnschlag* auf. Hier helfen Medikamente, die für Therapien beim Menschen eingesetzt werden, da sie auch bei Tieren gute Erfolge erzielen.

Auch die Haut verändert sich im Alter. Sie wird weniger elastisch, Haare fallen aus, die Pigmentzellen (für Haarfarbe verantwortlich) werden weniger – die Haare werden weiß. Zusätzlich kommt es auch zu sogenannten Neubildungen der Haut in Form von Knötchen und Beulen. Meist handelt es sich dabei um harmlose *Fettgeschwülste* oder ebenso harmlose *Talgdrüsentumoren,* die nicht schmerzhaft sind. Ab einer gewissen Größe stören sie jedoch das Tier, weil sie zu spannen beginnen. Die Vierbeiner beißen die Neubildungen dann auf. Spätestens jetzt müssen die Knoten operativ entfernt werden.

Die Mundhöhle von «Senior»-Katze und -Hund sollten Sie nun auch öfter kontrollieren. Im Alter verringert sich die Speichelbildung und dadurch auch die natürliche Selbstreinigung. Das wiederum begünstigt *Zahnsteinbildung,* die zu Wurzelinfektionen und Entzündungen der Nebenhöhlen und Mandeln führen kann. Auch *Abszesse* und *Zahnfleischentzündungen* sind mitunter schmerzhafte Folgen. Dabei vergeht dem armen Vierbeiner natürlich der Appetit, und er frißt nur sehr wenig. Besonders dann, wenn sich das entzündete Zahnfleisch zurückzieht und sich die Zähne lockern und schließlich ausfallen.

Aus diesen Gründen ist es wichtig, daß Sie bei Ihrem Hausgenossen regelmäßig den Zahnstein vom Tierarzt mit Ultraschall entfernen lassen. Zahnfleischgeschwülste, die sich vorwiegend bei älteren Vierbeinern bilden, müssen chirurgisch entfernt werden.

Selbstverständlich ist auch der Magen-Darmtrakt im Alter empfindlicher. Füttern Sie daher mehrmals täglich *kleinere Portionen,* die leicht bekömmlich sind. Es gibt jetzt schon eigene Senioren-Diäten als Fertigfutter.

Besonders Katzen haben häufig Verdauungsprobleme wie etwa *Darmträgheit.* Beobachten Sie daher sorgfältig die Katzentoilette auf eventuelle Alarmzeichen. So zum Beispiel, wenn die Katze mehr Zeit als üblich auf der Toilette verbringt, wenn sie die Katzenstreu im ganzen Zimmer verteilt, wenn der Kot härter und trockener wird oder wenn das Tier beim Kotabsetzen Schmerzen hat und schreit.

Mischen Sie bei diesen Symptomen dem Futter zu jeder Mahlzeit etwas bei, das den Stuhl weicher macht, wie zum Beispiel zwei Teelöffel geschmolzene Butter oder Kleie. Die krankhafte Darmträgheit bei älteren Katzen kann oft so weit gehen, daß die Tiere überhaupt nicht mehr Kot absetzen können.

Dann bilden sich sogenannte Kotsteine, die den Darm verstopfen. Dadurch gelangen nach einiger Zeit Ausscheidungsstoffe wieder zurück in den Blutkreislauf, was zur regelrechten Vergiftung führen kann. Ob Ihre Katze Kotsteine hat, merken Sie daran, daß sie den Appetit verliert und wiederholt erbricht. Der After ist gerötet und entzündet. Bei diesen Anzeichen müssen Sie den Tierarzt aufsuchen, der dem Vierbeiner spezielle darmanregende Injektionen verabreicht und notfalls die Kotsteine unter Narkose entfernt.

So manche Senioren unter unseren Hausgenossen bleiben auch von der *Zuckerkrankheit* (Diabetes mellitus) nicht verschont. Naschkatzen und -hunde sind da natürlich besonders gefährdet. Sie tun Ihrem Liebling nichts Gutes, wenn Sie sich durch treuherzige Blicke erweichen lassen und mit Süßigkeiten zwischenfüttern. (Näheres im Kapitel Ernährung.)

Diabetes ist eine chronische Funktionsstörung der Bauchspeicheldrüse, die zuwenig oder gar kein Insulin zum Abbau des Zuckers erzeugt. Wenn Sie merken, daß Ihr Hund oder Ihre Katze mehr trinken und mehr Harn absetzen als gewohnt, leicht ermüdbar und apathisch wirken, sollten Sie die Zuckerwerte in Blut und Harn überprüfen lassen. Sind sie zu hoch, bleibt dem Tier die tägliche Insulininjektion nicht erspart, denn Tabletten – die in leichteren Fällen beim Menschen helfen – sind bei Tieren unwirksam. Der Arzt zeigt Ihnen, wie Sie die nötige Dosis Ihrem Tier selbst spritzen können.

Das allein reicht jedoch nicht aus. Sie unterstützen die Behandlung, wenn Sie bestimmte Fütterungszeiten einhalten und Zusammensetzung und Menge der Nahrung konstant halten. Das Futter sollte reich an Rohfasern sein. Besonders geeignet sind Fertigdiäten gegen Fettsucht.

Wenn Sie Diabetes nicht behandeln lassen, werden die Gliedmaßen des Tieres immer schwächer, die Reaktionsfähigkeit läßt nach. Schließlich kann der vierbeinige Patient kaum noch stehen und erbricht ständig, der Körper trocknet richtiggehend aus. Das Tier stirbt im sogenannten Koma diabeticum.

Wenn wir schon das Thema Naschen angeschnitten haben: Ein weitverbreitetes Wohlstandsübel ist auch bei Tieren die *Fettsucht*. Und nicht selten sind es übergewichtige Tierbesitzer, die auch ihre Hausgenossen mit großen Portionen und zahlreichen Leckerbissen zwischendurch verwöhnen. Wer kennt nicht das Bild vom dicken «Herrl» oder «Frauerl», die einen ebenso «runden» Hund spazierenführen.

In fortgeschrittenem Alter verringert sich die Körpermasse von Muskulatur und Knochen, das Körperfett hingegen nimmt zu. Verstärken Sie diese natürliche Alterserscheinung durch übermäßiges Füttern und Naschereien, ist Ihr Liebling auf dem besten Weg zur Fettsucht. Sie ist die häufigste ernährungsbedingte Krankheit bei Hund und Katze und verkürzt das Leben. Denn dicke Vierbeiner werden leichter herzkrank, belasten ihr Skelett stärker und neigen zur oben beschriebenen Diabetes. Und, falls sie einmal operiert werden müssen: Sie vertragen Narkose schlechter als ihre schlanken Artgenossen.

Wenn Sie bei Ihrem Liebling die Rippen und Dornfortsätze der Wirbelsäule unter einer dicken Fettschicht kaum noch spüren bzw. wenn das tatsächliche Körpergewicht das Idealgewicht um mehr als 15 Prozent übersteigt, ist es allerhöchste Zeit, das Tier auf Diät zu setzen. Stellen Sie kalorienarme «Menüs» zusammen oder füttern Sie spezielle Fertigdiäten. So kann der Vierbeiner die gewohnte Menge fressen und nimmt dabei trotzdem ab.

Störungen der Nierenfunktion

Erkrankungen der Nieren sind die häufigste Todesursache älterer Hunde und Katzen. Sobald das Tier erwachsen ist, nimmt das Gewicht der Nieren stetig ab, insgesamt um etwa 20 bis 30 Prozent. Das heißt, eine gewisse Einschränkung der Nierenfunktion ist also eine normale Begleiterscheinung des Alterns. Wenn Sie Ihr älteres Tier regelmäßig untersuchen lassen, kann der Tierarzt größere Probleme sofort feststellen und rechtzeitig behandeln.

Wie schon erwähnt, trinken «Senioren» unter den Vierbeinern oft viel zuwenig, was die Funktion des Ausscheidungsorgans auch einschränkt. Im Handel gibt es spezielle Nierendiäten, die wenig Eiweiß, Phosphor und Natrium enthalten (diese Stoffe fördern Nierenversagen) und auch den Durst der Tiere anregen, so daß sie wieder mehr trinken.

Entdecken Sie *Blut im Harn* Ihres Vierbeiners, hat sich möglicherweise ein Tumor in der Blase gebildet. Bei Rüden kann auch die Prostata schuld sein, wenn aus der Harnröhre Blut austritt. Denn so wie bei einem älteren Mann vergrößert sich auch oft die Prostata von Rüden. In so einem Fall bringt die Kastration Abhilfe. Es ist also sehr wichtig, beim älteren Rüden regelmäßig die Prostata untersuchen zu lassen.
Weibliche Tiere wiederum bekommen häufig *Mammatumoren,* die operiert werden müssen. Oft sind diese Geschwüre jedoch gutartig, und die Hündinnen haben nach dem Eingriff noch einige schöne Jahre vor sich.
Herz und Lunge sind bei alten Tieren besonders anfällig für Krankheiten. Wenn ihr «Senior»-Vierbeiner oft hustet, unter Atemnot leidet und lethargisch durch die Gegend schleicht, deutet dies auf einen *chronischen Herzklappenfehler* oder eine «einengende» *Lungenerkrankung* hin. Wobei Hunde wesentlich häufiger am Herzen erkranken als etwa Katzen.
Diesen Vorteil der Samtpfoten können Sie noch dadurch unterstützen, daß Sie Ihrem Vierbeiner die Aminosäure (Eiweißstoff) Taurin zuführen. Es hat sich nämlich herausgestellt, daß ein hoher Taurinspiegel im Blut bestimmten Herzleiden vorbeugt. Beim Hund konnte diese Wirkung leider nicht festgestellt werden. Taurin gibt es im Handel als wohlschmeckende Paste, die unter das Futter gemischt wird.
Beim alten Hund treten meist zwei Formen von Herzleiden auf: die sogenannte Linksinsuffizienz und die Rechtsinsuffizienz.
Linksinsuffizienz bedeutet, daß die sogenannte zweizipfelige Herzklappe (sie trennt Vorkammer und Kammer des Herzens) ihre Elastizität verloren hat. Dadurch staut sich das Blut im Lungenkreislauf, in den Lungenbläschen sammelt sich Flüssigkeit an. Das führt zur typischen altersbedingten Stauungsbronchitis. Neben Atemnot und Husten verfärben sich Lidbindehäute und Mundschleimhäute bläulich. Der vierbeinige Patient zeigt Schwäche, ist leicht ermüdbar und leidet an Schwindelanfällen, die so heftig sein können, daß er mitunter umfällt. Nachts plagen ihn Schlafstörungen, er geht unruhig umher und will sich nicht hinlegen.
Bemerken Sie bei Ihrem Liebling Flüssigkeitsansammlungen (Ödeme) an den Extremitäten, an der Vorderseite der Brust und an der Bauchhaut, leidet er an der *Rechtsinsuffizienz.* Bei dieser Erkrankung arbeitet die dreizipfelige Herzklappe nicht ausreichend, weil sie degene-

riert ist. Das führt zum Rückstau des Blutes im Körperkreislauf und in weiterer Folge zu den Flüssigkeitsansammlungen.
Beachten Sie, daß sich herzkranke Tiere weniger bewegen und daher auch weniger Kalorien brauchen. Überfüttern Sie Ihren Hausgenossen, belastet das sein Herz noch mehr. Es kann aber auch vorkommen, daß herzkranke Vierbeiner so schwach sind, daß sie keinen Appetit haben und stark abmagern. In diesem Fall soll das Futter natürlich kalorienreich sein. Achten Sie darauf, daß Futter für herzkranke Tiere nicht zuviel Natrium enthält (es gibt aber auch fertige, natriumarme Herzdiäten) und mischen Sie B-Vitamine unter die Nahrung.

Degenerative Gelenksentzündungen (Arthrosen)

Im Alter machen Hund und Katze oft Gelenksentzündungen zu schaffen, die durch Abnutzung entstehen. Wenn Ihr Hausgenosse früher einmal Knochenbrüche hatte, ist er dafür besonders anfällig.
Typische Anzeichen: Nach längerem Liegen ist das Tier steif und geht nur sehr langsam. Je länger es sich dann bewegt, desto besser «läuft es sich wieder ein». Wenn Sie diese Symptome merken, sollten Sie mit dem Besuch beim Tierarzt nicht zu lange warten. Denn er kann weitere Abnutzungen zumindest hinauszögern, wenn nicht sogar verhindern, und Beschwerden lindern. Sie helfen dem vierbeinigen Patienten zusätzlich mit Wärmeflaschen oder Heizdecken (auf niedrige Stufe stellen), die Sie auf die befallenen Gelenke auflegen.
Wir haben nun die häufigsten gesundheitlichen Probleme im Alter besprochen, und Sie werden sich fragen, was Sie tun können, um Ihrem Liebling auch im Alter noch schöne Jahre zu ermöglichen. Es ist tatsächlich oft unglaublich, wie gesund und vital selbst alte Tiere bei richtiger Pflege sind und ihren Besitzern noch viel Freude machen. Das Geheimnis sind die fünf «Lebenselixiere»: richtige Ernährung, Bewegung, Körperpflege, regelmäßige Untersuchungen und verjüngende Therapien.

Ernährung älterer Hunde und Katzen

Mit dem Altern verändert sich auch der Stoffwechsel des Tieres. Das sollten Sie natürlich bei der Fütterung beachten. So ist es etwa nicht empfehlenswert, wenn Sie Ihrem älteren Vierbeiner nur einmal täglich eine «Riesenportion» servieren. Die große Nahrungsmenge im Magen drückt das Zwerchfell nach vorne, engt Herz und Lunge ein und beeinträchtigt deren Tätigkeit. Wichtig ist auch hochwertiges Futter, das nicht bläht. Auf Knochenfütterung sollten Sie überhaupt verzichten. Zu empfehlen sind auch spezielle Altersdiäten, die auf die Bedürfnisse des alten Organismus abgestimmt sind.

Viele ältere Tiere können beispielsweise Eiweiß nicht mehr so gut verwerten. Auch Fett wird schlechter vertragen und sollte daher im Futter verringert werden. Wichtig hingegen sind die sogenannten essentiellen oder ungesättigten Fettsäuren wie Linol- und Linolensäuren (in Becel und Sojaöl) oder Arachnidonsäure (in Lebertran). Auch eine gewisse Menge an Rohfasern darf nicht fehlen, da diese die Darmtätigkeit fördern. Mischen Sie auch Vitamin A, B 1, B 6, B 12 und E sowie das Spurenelement Zink (wirkt Tumorbildung entgegen) ins Futter. Zusätzliche Kalziumgaben sind hingegen nicht notwendig, ebenso sollte Phosphor in der Nahrung reduziert werden.

Bewegen bringt auch im Alter Segen

Es ist falsch, ein altes Tier übermäßig zu schonen. Ausreichende Bewegung ist unbedingt nötig, sonst «rosten» nicht nur die Gelenke, der Vierbeiner wird auch träge und, wenn Sie ihn dann auch noch ständig füttern, zu dick. Und das wiederum verkürzt sein Leben (siehe Herzerkrankungen).

Wohnungskatzen sind besonders gefährdet, übergewichtig zu werden, weil ihre Bewegungsmöglichkeiten eingeschränkt sind. Beachten Sie das bei der Fütterung! Wenn Sie einen Hund betreuen, der schon älter ist, sollten Sie trotzdem regelmäßig mit ihm spazierengehen, auch wenn er nicht mehr so lange laufen kann wie in jungen Jahren. Dann gehen Sie eben kürzere Strecken. Wichtig ist nur, daß er sich täglich bewegt!

Körperpflege

Ein schönes, glänzendes Fell ist nicht nur den jüngsten unter den Vierbeinern vorbehalten. Auch ältere Tiere können noch ein gesundes, gepflegtes Fell haben, wenn Sie es regelmäßig bürsten und kämmen. Das regt auch zugleich den Kreislauf an, und die Haut wird besser durchblutet. Sie sollten den älteren Hausgenossen nun auch häufiger baden als früher.

Mund- und Zahnpflege ist für unsere vierbeinigen «Senioren» besonders wichtig. Putzen Sie die Zähne bei Hunden täglich mit einer Kinderzahnbürste und Hundezahnpasta. Bei Katzen nehmen Sie am besten ein weiches Tuch und reiben die Zähne mit Schlämmkreide ab. Zahnstein muß vom Tierarzt entfernt werden, der auch eventuelle kariöse Zähne repariert oder zieht. Denn Eiterherde kranker Zähne fördern Gelenksrheumatismus und belasten andere Organe wie etwa das Herz.

Regelmäßige Untersuchungen

Wenn Sie Ihren Liebling jährlich einmal durchuntersuchen lassen, werden gesundheitliche Probleme rechtzeitig erkannt. Außerdem kann der Arzt dann gleich die Jahresimpfungen verabreichen. Lesen Sie dazu im Kapitel «Vorsorgeuntersuchung/Impfungen».

«Altes Tier wird wieder jung»

Genau wie für den Menschen gibt es heute sogar schon Verjüngungskuren für Tiere. Die wohl bekannteste ist die nach der rumänischen Ärztin *Anna Aslan* benannte *Kur.* Ihre Erkenntnis über die das Zellwachstum anregende und regenerierende Wirkung des Wirkstoffs Procain wird nun auch in der Tiermedizin genützt. Tierbesitzer sind immer wieder erstaunt über die wiedergewonnene Lebensfreude und Lebhaftigkeit ihrer alten Gefährten.

Ebenfalls sehr gute Erfolge werden mit der *Frischzellen-Therapie* erzielt. Früher verwendete man wirklich Frischzellen, später in Ampullen gefüllte Trockenzellen.

Sozusagen die Weiterführung der Frisch- und Trockenzellenbehandlung ist die sogenannte *zytoplasmatische Therapie.* Bei dieser Methode werden die Zellen in ihre Bestandteile (Moleküle) zerlegt. Dadurch können sie noch besser in das Gewebe des Tieres eingeschleust werden.

Deshalb ist es heute sogar schon möglich, einzelne erkrankte Organe

ganz gezielt zu behandeln. So kann man etwa bei Herzschäden bereits nach einigen Injektionen eine deutliche Verbesserung des Herzleidens feststellen. Sind mehrere Organe in Mitleidenschaft gezogen, verwendet der Arzt Frischzellen-Mischpräparate. Sogar die Entwicklung von Tumoren kann man günstig beeinflussen.
Solche Verjüngungskuren eignen sich selbstverständlich auch dann, wenn die Organe des Vierbeiners noch nicht geschädigt sind, als Vorbeugung und um den Allgemeinzustand des Tieres zu verbessern.

Wenn dem Tier nicht mehr zu helfen ist

Auch wenn Sie alles für Ihr Tier getan haben und ihm beste Vorsorge und Betreuung zuteil werden ließen, ist natürlich ein Hunde- oder Katzenleben ungleich kürzer als ein Menschenleben. Und einmal kommt dann leider der Tag, an dem Ihnen der Tierarzt mitteilt, daß die Lebensqualität Ihres Lieblings durch sein Leiden auf ein nicht mehr vertretbares Minimum gesunken ist. Dann stehen Sie vor der schmerzlichen Entscheidung: Soll ich das Tier von seinem Leiden erlösen?
Dazu sollten Sie folgendes bedenken: Ein schwerkranker Mensch muß seine Qualen bis zum Ende ertragen. Die Leiden des Tieres können Sie verkürzen. Das «Einschläfern» (Euthanasie) erfolgt durch eine Injektion und ist völlig schmerzlos. Aber Sie können noch etwas Wichtiges für Ihren Vierbeiner tun: Nämlich bis zum letzten Atemzug bei ihm bleiben, damit er keine Angst hat; ihn halten, liebkosen und mit ihm sprechen. Dann schläft er ruhig ein.
Ihrem Empfinden entsprechend können Sie das tote Tier in der Ordination zurücklassen, auf einem Tierfriedhof begraben oder einäschern lassen.

20

Alternative Heilmethoden

Immer häufiger stellen Tierbesitzer die Frage, ob für ihren kranken Liebling die Schulmedizin oder die alternative Medizin besser sei. Die Antwort darauf gibt ein alter Medizinerspruch: «Wer heilt, hat recht!»
Gab es früher strikte Gegner und strikte Befürworter der einen oder anderen Behandlungsform, so ist es heute nicht mehr ungewöhnlich, Schulmedizin und Alternativmedizin miteinander zu kombinieren, um dadurch oft besonders gute Ergebnisse zu erzielen. Zu den wohl bekanntesten Richtungen der Alternativmedizin zählen die Akupunktur, die Homöopathie und in jüngster Zeit auch zunehmend die Lasertherapie.
Akupunktur und Homöopathie werden als sogenannte Regulationstherapien bezeichnet. Sie sollen das gesunde Gleichgewicht im Organismus wiederherstellen, um die Selbstheilung zu verbessern und harmonische Abläufe im Körper zu gewährleisten. Aber unsere heutigen Lebensverhältnisse stellen nicht nur uns Menschen, sondern immer mehr auch Hund und Katze unter erheblichen Dauerstreß. Dieser Streß setzt die Reaktionsfähigkeit des Organismus, die Grundlage für die Regulationstherapie ist, stark herab. Der Körper ist dann durch die Belastung vielleicht schon bis an die Grenzen seiner Möglichkeiten beansprucht und zur Eigenregulation, die ja durch die Alternativmedizin angeregt werden soll, im Moment dann gar nicht mehr fähig.
Da ist es dann sicherlich besser, durch schulmedizinisches Eingreifen (zum Beispiel durch gezielten Einsatz von Antibiotika) der Krankheit die Spitze zu nehmen und möglicherweise die Lebensgefahr zu bannen, um anschließend etwa durch homöopathische Behandlung die vollständige

Genesung zu erreichen. Akupunktur und Homöopathie lassen sich auch gut gemeinsam einsetzen. So können etwa homöopathische Mittel in Akupunkturpunkte gespritzt werden.
Vor allem in der Tiermedizin noch sehr neu ist die *Lasertherapie.* Unter Laserlicht versteht man sehr energiereiches, gebündeltes Licht. In der Medizin wird sowohl der chirurgische Laser eingesetzt, mit dem man bereits beim Menschen erfolgreich Operationen durchführt, als auch der «Softlaser». Er ist, wie der Name schon sagt, die sanfte Ausgabe des Lasers und hat sich ebenfalls beim Menschen schon sehr bewährt, zum Beispiel bei der Wundheilung. Laserstrahlen werden auch als «Licht-Vitamine» bezeichnet, da sie die natürlichen biologischen Kräfte des Körpers beeinflussen. Die Energie des Laserlichts regt die Zellen an, neues Gewebe aufzubauen. Mit dem handlichen Lasergerät hat der Tierarzt die Möglichkeit, bestimmte Hautstellen zu bestrahlen. Durchblutung und damit die Sauerstoffzufuhr werden verbessert, die Zelle mit neuer Energie versorgt. Auch Giftstoffe werden schneller abtransportiert und die körpereigenen Regulationsmechanismen nachhaltig angeregt. Kranke Zellen senden kürzere Wellenlängen aus als gesunde. Werden die kranken Zellen nun aber mit der normalen Wellenlänge des Lasers bestrahlt, können sie wieder zur gesunden Wellenlänge zurückgeführt werden.
Die drei Haupteinsatzgebiete des Softlasers sind:
Schmerzbekämpfung, Regeneration der Zellen (wie etwa Wundheilung) und Muskelentspannung.
Ein großer Vorteil der Lasertherapie für die Tiermedizin besteht darin, daß sie absolut schmerzfrei ist und die Bestrahlungszeiten jeweils nur einige Minuten dauern. Die Bestrahlungen sollten im Abstand von ein bis zwei Tagen mehrmals wiederholt werden.
Die Anwendungsgebiete sind sehr vielfältig, zum Beispiel: Hauterkrankungen, schlecht heilende Wunden, Zahnfleischentzündungen, Zwischenzehenekzem mit Fistelbildung, Gehörgangsentzündung, Gelenksschmerzen bei Arthrosen, chronische, therapieresistente Erkrankungen, Lähmungen (Dackellähmung). Auch bei Zerrungen und Prellungen bringt die Lasertherapie gute Erfolge. Den geschwürigen Zerfall bei bösartigen Tumoren der Milchdrüsen kann die Laserbestrahlung für eine gewisse Zeit stoppen.
Lasertherapie läßt sich besonders gut mit Akupunktur kombinieren. Man spricht dann von Laserakupunktur. Dabei lenkt man das sanfte Laser-

licht gezielt auf die Akupunkturpunkte, um verschiedene Vorgänge im Körper anzuregen, und erzielt in vielen Fällen noch zusätzliche Verbesserung.

Das Grundprinzip der *Homöopathie* ist das Ähnlichkeitsprinzip. Das bedeutet, daß Stoffe, die in hohen Dosierungen bestimmte Krankheitsbilder hervorrufen, in minimalen Konzentrationen ebendiese Krankheitsbilder heilen können.

Lösliche Substanzen werden in einem bestimmten Verhältnis mit Alkohol vermischt, nichtlösliche mit Milchzucker zu Tabletten und Kügelchen verarbeitet. In der Fachsprache heißt das, die Wirkstoffe potenzieren. Oft wird nach der Wirkungsweise von homöopathischen Arzneien gefragt. Darauf gibt es zwei Antworten: Die in dem potenzierten Mittel enthaltene spezielle Energie reicht aus, den Reiz zur Heilung zu setzen. Und zweitens entspricht die homöopathische Information elektromagnetischen Schwingungen, die den Regulationsmechanismus des Körpers durch einen Heilreiz in Gang setzen.

Vom Geschmack her werden die alkoholischen homöopathischen Tropfen von den vierbeinigen Patienten nicht besonders geschätzt. Sie können aber versuchen, die Tropfen in ein halb mit Wasser gefülltes Likörglas zu geben und es dem Tier vorsichtig in die geöffnete Mundhöhle zu leeren, oder Sie tropfen das Mittel auf ein kleines Stück Würfelzucker. Katzen können Sie es eventuell auch auf das Futter tropfen. Auch mit etwas Milch vermischt, dürfen die Tropfen aufgeschleckt werden. Auf jeden Fall sollte der Kontakt mit Zunge und Mundschleimhaut stattfinden. Weitaus beliebter sind bei Hund und Katze die homöopathischen Kügelchen aus Milchzucker, da die Tiere den süßen Geschmack mögen.

Bei besonders eigenwilligen Patienten, die auch die Milchzuckerpräparate nicht nehmen wollen, kann man die Tabletten zerdrücken, das Pulver anfeuchten und es mit dem Finger auf die Zunge des vierbeinigen Patienten streichen. Ganz widerspenstigen Katzen streicht man das Pulver auf die Vorderpfoten, von wo sie es dann beim Putzen aufnehmen.

Auf jeden Fall entspricht die homöopathische Therapie dem ärztlichen Grundsatz, nicht zu schaden, da Nebenwirkungen bei diesen Mitteln nicht auftreten. Beachten Sie aber, daß lebensgefährliche Zustände und akute Schmerzen (z. B. Koliken) zuerst schulmedizinisch unter Kontrolle gebracht werden sollen und erst dann eventuell homöopathisch weiter-

behandelt werden können. Auch chirurgische Eingriffe können durch Homöopathie natürlich nicht ersetzt werden.
Das Grundprinzip der *Akupunktur* ist, daß im Organismus ein Kräftegleichgewicht herrschen muß. Ist dieses Kräftegleichgewicht gestört, so kommt es zur Krankheit. Die chinesische Medizin betrachtet den Körper als ein Netzwerk von Energieströmen, die in Wechselwirkung zueinander stehen und die man sich als Meridiane auf der Körperoberfläche vorstellt. Auf diesen Meridianen liegen Punkte, durch deren Reizung mit der Nadel (oder Elektroakupunktur oder Laserlichtakupunktur) man bestimmte organische Bereiche beeinflussen kann. Auch zur Diagnose werden diese Punkte herangezogen, weil sie bei Erkrankung bestimmter zugeordneter Organe druckschmerzempfindlich reagieren. Die Punkte sind auf Druck spürbar, da die entsprechende Hautstelle sich in ihrer Nachgiebigkeit von der umliegenden Haut unterscheidet. Solange ein Organ noch nicht zerstört ist, kann man es heilen, wenn man das Energiegleichgewicht mit der Akupunktur wieder herstellt. Akupunktur kann auch unterstützend zur medikamentösen Behandlung eingesetzt werden und läßt sich grundsätzlich mit allen anderen Heilmethoden kombinieren.

Sachregister

A

B

C

D

E

F

G

H

I

Dr. Herbert Woschnagg
Dr. Wolfgang Exel

Mein Befund

Laboruntersuchungen verständlich gemacht
Ein Nachschlagewerk für mündige Patienten
364 Seiten

Was erfährt mein Arzt aus meinem Laborbefund? Auf welche Krankheiten können abweichende Werte einen Hinweis geben? Wie kann ich als Patient mithelfen, wieder normale Werte zu erreichen? Dr. med. Herbert Woschnagg und Dr. med. Wolfgang Exel beschreiben und erläutern alle gebräuchlichen Laboruntersuchungen. Ein ausführliches Verzeichnis medizinischer Fachausdrücke hilft, weitere Fragen zu beantworten. Ein unentbehrliches Nachschlage- und Nachlesewerk für jeden mündigen Patienten.